知らなきゃ怖い！

廃棄物
penal regulations of
処理法の
the Waste Management Act
罰則

《新訂版》

著 尾上雅典

本書発刊に当たっての注意点

　本書は1人の民間人として、著者独自の法解釈および調査事項に基づいた内容で出版しています。廃棄物処理法の理解を深めることを目的に発行しており、本書の内容に関して運用した結果の影響につきましては、著者、出版元ともに責任を負いかねます。また、本書に記載されている出典やホームページアドレス、データ等につきましては、予告なく変更されることがあります。

はじめに

　日本では、コンプライアンス（Compliance）を「法令順守」と訳し、法律の趣旨を理解することなく、法律を守っているという「形」を整えることのみに力が注がれています。しかしながら、コンプライアンスは、企業が存続しつづけるための「手段」に過ぎず、「（企業の存在）目的」ではありません。法律を守ることだけを考えていては、海外勢力との競争が当たり前となった現在では、他社との競争を勝ち抜くことはできません。

　もちろん、法律を順守しながら事業を行うことが大前提ですが、今後必要となってくるのは、法律の趣旨を正確に理解した上で、法律で禁止されていない分野に商機を見つけ、積極果敢に収益の機会を増やすことだと思います。

　法律の趣旨を理解し、法律に違反しない分野を見つけ出すためには、その法律の罰則から学び始めるのがもっとも効率的です。法律の前で必要以上に委縮するのではなく、自信を持ちながら事業を行うためには、罰則を正確に理解することが不可欠です。

　本書は、難解と言われる廃棄物処理法の罰則を徹底的に解説した本です。企業活動を永続させるためには、「罰則の正しい理解」と、「罰則で禁止されていない分野へのチャレンジ」の両方が不可欠です。不作為の言い訳として罰則を奉るのではなく、罰則を正確に把握し、企業価値を高めて他者との差別化を行うための座右の書として、一人でも多くの読者の方に本書をご活用いただければ幸いです。

2019年3月
尾上雅典

目次

はじめに ………………………………………………………………………… 3

第1章　問題提起

1　廃棄物処理法は絵にかいた餅？ ……………………………………… 6
2　廃棄物処理法が軽視されてきた理由 ……………………………… 8
3　廃棄物処理法違反の状況 …………………………………………… 10
4　法令順守がコンプライアンスのすべてではない ……………… 12
5　罰則から廃棄物処理法を学ぶ利点 ……………………………… 14

第2章　罰則とは

1　罰則の役割 …………………………………………………………… 18
2　罰則の変遷 …………………………………………………………… 22

第3章　罰則の取扱い説明書

1　両罰規定 ……………………………………………………………… 26
2　委託契約書 …………………………………………………………… 36
3　マニフェストに関する罰則 ……………………………………… 46
4　許可業者への委託義務 …………………………………………… 60
5　行政からの命令に関する違反 …………………………………… 76
6　廃棄物処理業者に対する罰則 …………………………………… 86
7　廃棄物処理施設に関する罰則 …………………………………… 100
8　欠格要件 ……………………………………………………………… 114
9　その他の罰則 ………………………………………………………… 128

第1章
問題提起

1 法律は絵に描いた餅？

2 廃棄物処理法が軽視されてきた理由

3 廃棄物処理法違反の状況

4 法令順守がコンプライアンスの
すべてではない

5 罰則から廃棄物処理法を学ぶ利点

第1章

1 廃棄物処理法は、絵に描いた餅?

「廃棄物処理法はしょせん『絵に描いた餅』で、法律を順守し続けることなんて不可能だ！そんな法律は今すぐ全面的に改正するべきだ！！」という意見をよく聞きます。この本を手に取ったあなたも、程度の差はあっても同じ趣旨の意見をお持ちなのではないでしょうか？

「廃棄物処理法は社会の現実と合っていない」という主張は、廃棄物処理に携わる処理業者の専売特許ではなく、最近では、地方自治体の行政職員や、有識者と目される専門知識を持った人から聞くことも増えてきました。

「廃棄物処理法が社会の変化に追い付いていない」という主張に関しては、私も部分的に同意できるところがあります。しかし、「廃棄物処理法は現実を反映していない悪法なので、守れないところがあっても仕方がない」と、「法律のあるべき論」から飛躍をして、「違法行為を正当化する」ことは危険と言わざるを得ません。

なぜなら、「社会変化に追い付いていない」というのは「現実」ですが、「法律違反をすると罰せられる」というのも、火を見るより明らかな「現実」だからです。特に、廃棄物処理業の場合は、適切な施設や能力を持った事業者のみに与えられた特別な許可に基づき、廃棄物処理事業を営むことが認められていますので、他の誰よりも、廃棄物処理法違反をしたときのリスクは大きくなります。

しかしながら、現在のところ、廃棄物処理企業や産業廃棄物の排出事業者の多くは、「廃棄物処理法なんて『絵に描いた餅』だ」と法律違反のリスクを過少に評価したり、場合によっては、餅の絵として認識していない（＝リスクの対象として認知していない）ところもあると思われます。

考えてみると我々が口にする「ゲンジツ（現実）」というのは非常に厄介な代物です。同じ「ゲンジツ」という言葉を使っている場合でも、それを使う人によって意味するところが大きく変わるからです。また、上述したように、法律はこうあるべき

現実とゲンジツ KEY WORD

よく聞く「ゲンジツ」認識	廃棄物処理法の「現実」
処理業者が不法投棄した場合は、そんな業者に許可を出した行政の責任だ！	●法律上は許可要件を満たしている事業者には許可を出さなければならない
	●不法投棄をするような処理業者に委託をした排出事業者の責任が問われる ▼委託基準の順守状況 ▼委託先の処理状況確認の有無
処理料金が毎月変動するので、委託契約書の処理料金欄は空欄のままで良い	●「料金」は委託契約書の法定記載事項なので、必ず記載しなければならない。
	●「料金」欄が空欄ということは、不法投棄前提の違法な処理委託とみなされてしまう
	●「料金」が未記入の委託契約書を保存していると、委託基準違反の動かぬ証拠となってしまう
廃棄物処理ではなく、リサイクルをしているのだから、廃棄物処理業の許可などいらないはずだ！	●原料としての有償買取ではなく、リサイクル費用を徴収して廃棄物のリサイクルをする場合は、廃棄物処理業の許可取得が必要
処理業者に、その業者が許可を持っていない産業廃棄物を回収してもらったが、違法と知りながら持って帰った処理業者が悪い	●委託者（排出事業者）には、委託先処理業者の許可内容を確認する義務がある

第1章　問題提起【廃棄物処理法は、絵に描いた餅？】

だという「理想」を「ゲンジツ」と混同すると、違反をすると罰せられるという「現実」が正しく見えなくなるきっかけにもなります。

　本書では可能な限り、「ゲンジツ」ではなく、「現実」に根差した具体的な違反リスクを見据え、見落としやすい点や対処法を解説していきます。

7

第1章

2 廃棄物処理法が軽視されてきた理由

　2010年の法律改正により、法人を罰する規定としては、罰金の上限が最高3億円にまで引き上げられました。これだけ重い罰金であるにもかかわらず、すべての企業が廃棄物処理法の罰則を正確に理解しているとは言い難いのが現状です。道路交通法の改正により、飲酒運転の罰則が大幅に引き上げられた後、飲酒運転の件数が激減したことと比較すると、企業の廃棄物処理法に対する無関心さが際立ちます。

　もちろん、法律違反のリスクを正しく認識し、しかるべき対策を取っている企業があるのも事実ですが、そのような企業はまだまだ少ないのが現状です。なぜ、多くの企業は、廃棄物処理法に違反するリスクにそれほど頓着していないのでしょうか？

　その理由は2つあると思います。

　第1に、廃棄物処理が処理企業任せになっているため、排出事業者の場合は、前例踏襲を続けていれば、目の前から廃棄物が消えてなくなるという事情があります。目の前から廃棄物が消えると、それだけで廃棄物処理が終わったと勘違いしてしまうわけです。廃棄物は日々発生しますが、契約さえしておけば、処理業者が自動的に回収に来てくれますので、大部分の人は廃棄物の処理方法に思いを馳せることはありません。このように、廃棄物処理は自動的に進行することがほとんどですので、日常的な行為となり、意識をせずとも業務が流れていくという状況になります。それは、排出事業者であっても、処理業者であっても同じことです。「意識をしない」ということは、「油断」につながります。油断をさらに放置すると、「無頓着」や「無関心」に行きついてしまいます。

　第2に、廃棄物処理法の難解さを挙げねばなりません。本書のメインテーマである「罰則」については、廃棄物処理法でも比較的明確に書かれているのですが、廃棄物処理基準や許可の要否に関する問題などは、一般廃棄物に関する規定を産業廃

日常的すぎる行為、前例踏襲 KEY WORD

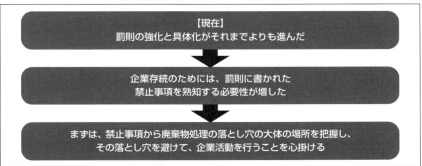

廃棄物処理法のリスクへの対処方針

棄物にも準用するという体裁を取っていることが多いため、産業廃棄物の処理基準を知りたい場合は、一般廃棄物と産業廃棄物の両方の処理基準を読み比べる必要があります。また、法律や施行令、施行規則以外にも、行政の解釈基準となっている通知や先例などがたくさんありますので、廃棄物処理法の条文以外にも、理解をしなければならない情報が多々あります。他の本業の事務を抱えながら、これだけ大量、かつ難解な法律を把握せよと言われても、ほとんどの人にとっては「無理」と言わざるを得ません。法律の内容を理解できない以上、廃棄物処理法に関心を持てという方が無理なのかもしれません。

しかしながら、廃棄物処理法違反のリスクに目をつぶり、前例踏襲で仕事をしておけば安全、という時代はとっくの昔に終わっています。廃棄物処理の担当者となった以上、法律違反のリスクを正確に把握することは、職責の一つと言えるでしょう。たとえ、会社がそのリスクを認識していなかったとしても。

ただし、「正確に把握」といっても、廃棄物処理法の条文を隅から隅まで暗記する必要はありませんし、やろうと思っても不可能です。必要なことは、廃棄物処理法で明確に禁止されている行為である罰則の内容を理解することです。実務では法律で明確に禁止されていることを踏んではいけない地雷と認識し、それを踏まないで済むように運用することが基本となります。

第1章

3 廃棄物処理法違反の状況

産業廃棄物の不法投棄の状況

環境省の調査によると、平成17年度以降は不法投棄された産業廃棄物の件数と量ともに減少傾向にあります。

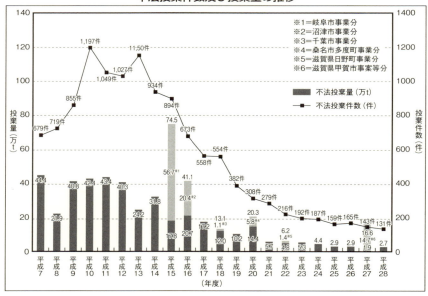

不法投棄件数及び投棄量の推移

廃棄物処理法違反の傾向

法務省の「平成29年版犯罪白書」によると、廃棄物処理法違反の新規受理人員は、平成10年から毎年増加し、平成19年には過去最高の8879人を記録しました。その後は徐々に減少していますが、まだ6000人を超える状況が続いています。

委託基準違反でも検挙されていることに注意 KEY WORD

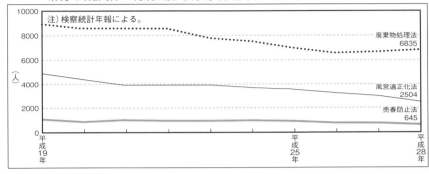

環境・風紀関係の特別法犯 検察庁新規受理人員の推移(平成19～28年)

警察庁の「平成30年版警察白書」によると、平成29年中の、廃棄物処理法違反の検挙件数は5109件で、そのうち不法投棄が2593件で50.8％、不法焼却が2470件で48.3％となっています。なお、その他の違反として、46件の委託基準違反等が計上されていますので、委託基準違反が直罰の対象であることをよく認識しておきましょう。

不法投棄事件の検挙数

警察庁の調査によると、平成29年の産業廃棄物の不法投棄検挙数は214件で、その内訳は、「排出源事業者」が194件で90.7％、「無許可業者」が11件で5.1％、「許可業者」が9件で4.2％でした。

不法投棄をした動機としては、「処理費節減のため」が121件で56.5％、「処理場手続面倒」が63件で29.4％、「処分場が遠距離のため」が2件で0.9％でした。

不法投棄をした動機を、投棄者ごとに分析してみると、排出源事業者の場合は、「処理費節減のため」が108件で55.7％、「処理場手続面倒」が61件で31.4％、「処分場が遠距離のため」が2件で1.0％でした。許可業者の場合は、「処理費節減のため」が7件で77.8％、「処理場手続面倒」が1件で11.1％でした。無許可業者の場合は、「処理費節減のため」が6件で54.5％、「処理場手続面倒」が1件で9.1％、「処分場が遠距離のため」が0件でした。

第1章 問題提起3【廃棄物処理法違反の状況】

第1章

4 法令順守がコンプライアンスの すべてではない

　コンプライアンス（compliance）という言葉は、日本においては「法令順守」という意味で使われることが多くなっています。特に、「法令順守をするためには、顧客に多少の不便を強いたとしても仕方がないことだ」というように、企業が消極的な行動を取る言い訳として使われることが多い用語です。役所の場合なら、そのように消極的な文脈でコンプライアンスという言葉を使うのも良いかもしれません。法律を守って仕事を行うことが必要不可欠な組織だからです。物事の白か黒かがはっきりしない局面では、「何もしない」ことが最も無難な対策である場合もあります。

　しかし、企業の場合は役所とは異なり、「何もしない」ことばかりを選択していると、ライバル企業との熾烈な競争に勝つことはできません。他の企業との競争に勝ち抜くためには、ライバルが目をつけていない市場を見つけ、ライバルよりも早くその市場を制覇する必要があります。その時に、「黒か白かわからないので、何もしない」と言っていては、ライバルの後塵を拝し続けることになります。

　企業にとっては、コンプライアンスを消極的な姿勢を取り続ける言い訳として使うのではなく、「法律で禁止されていないことは合法」と考え、解釈があいまいな分野で積極果敢に収益機会を狙う必要があります。そのために必要なのは、法令順守という言葉を前に委縮することではなく、自社の取組みが違法ではないことを確認し、節度を持ってそれを社会に主張していくことです。

　もっとも、これだけ複雑に法制度が発達した現在の日本では、自社の取組みに違法性が無いかどうかを調べるためには、複数の関連法律を調べることが必要です。廃棄物処理法だけでも複雑なのに、その他諸々の法律までカバーしなければなりませんので、法律関連の調査だけでも多大な労力がかかるのが事実です。「それが面倒だから新しいことはしない」、あるいは「法律違反の可能性には目をつぶって新規事業を決行」してしまう企業が多いのではないでしょうか。どちらの選択も、コンプ

企業存続のため、地雷を踏まないために必要なこと

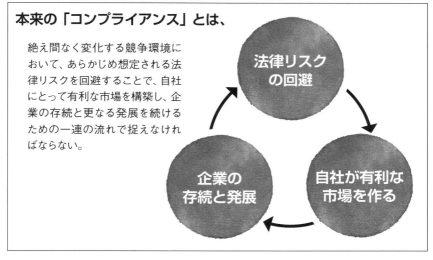

ライアンスとはかけ離れた行動と言わざるを得ません。

　筆者は、本来のコンプライアンスとは、企業が存続し続けられるよう、法令違反を防ぐための取組みと考えています。そう考えると、企業の存続を逆に危うくするような盲目的な法令順守至上主義が、コンプライアンスの趣旨からかけ離れた行動であることがご理解いただけると思います。

　では、廃棄物処理法関連で必ず取組まねばならないコンプライアンスとはどんなものでしょうか？それは、本書のメインテーマである「罰則」の正確な理解です。委託契約書やマニフェストなどは、罰則で「それを運用しない者に刑事罰を科す」と定められているために、根本的に重要な実務となっています。逆に言うと、罰則が定められていない行為については、それをしたとしても違法性が問われることはない、ということになります。「罰則を理解することが、廃棄物処理法に関するコンプライアンスのすべて」と言っても過言ではありませんので、新しい取り組みを始める際には、罰則を一つずつ精査し、違法ではないことを確認することが必要です。

第1章

5 罰則から 廃棄物処理法を学ぶ利点

　1－4「法令順守がコンプライアンスのすべてではない」では、企業統治という目的を達成するための手段としての観点から、罰則を精査することの重要性について触れました。しかし、廃棄物処理法の第1条から一文字一句を読み進めようと思っても、大部分は調べたいことと無関係の条文ですので、効率が非常に悪くなります。

　そこでお薦めしたいのが、「罰則から廃棄物処理法を読み始める」という方法。企業活動にもっとも密接に関係してくるのはやはり罰則です。たしかに罰則を読むだけでは、委託契約書の法定記載事項の詳細などは理解できませんが、少なくとも廃棄物処理法第26条を読むと、「委託基準に反した廃棄物の処理委託をすると、『3年以下の懲役もしくは300万円以下の罰金』が科されるのだな」とわかります。そして、「では刑事罰が科されないよう、委託基準をキチンと把握しておこう」と思い、廃棄物処理法第12条第6項の委託基準にピンポイントでたどり着くことが可能となります。我慢をしながら、廃棄物処理法第1条から読み進めた場合と比べると、ピンポイントで必要な情報にたどり着けますので大幅に時間と労力を短縮できます。

　また、罰則から廃棄物処理法を読み始めると、法律違反の具体的なリスクがわかるようになりますので、観念的な理解ではなく、実践的な知識として法律体系を把握することが可能です。ただし、できれば、罰則以外の条文を読みこなすことも非常に重要です。廃棄物処理法の趣旨や全体像を理解するためには、条文の法律全体の中での位置づけを知っておくことが有効だからです。本書では、罰則そのものの解説以外にも知っておいた方が良い周辺知識を極力盛り込んでありますので、時間があるときにでも読み返していただければと思います。

　罰則から廃棄物処理法を学ぶ際の留意点としては、「できるだけ具体的な場面を想定しながら、罰則が適用される場面を想像する」ということがあります。罰則も法律の条文の一つである以上、抽象的に書かれていることが多いため、一文字ずつを

意外と効率的、実践的
KEY WORD

第1章 問題提起 5 【罰則から廃棄物処理法を学ぶ利点】

　音読するだけでは、本当にそれを理解したことにはなりません。「企業活動を存続させる」ことを目的として、廃棄物処理法を使いこなすためには、できるだけ具体的な企業活動の場面と、罰則の規定を照らし合わせ、法律違反を起こす可能性を潰していくことが必要です。

　我々人間はこの世に生まれた瞬間は無力ですが、親の世話や支援を受けながら、徐々に一人で生きていく力を身に付けます。その過程では、まず「大小便はトイレ以外でしてはならない」とか、「他人を殴ってはいけない」などの、「ルール」や「破ってはいけない規範」を繰り返し教え込まれ、社会活動を営む上で必要な知識を理解していきます。ルールを覚えるのが先で、「将来なりたい職業を決めましょう」とか、「小遣い帳をつけましょう」などと推奨されるのは、基本的な社会ルールを覚えた後です。罰則から廃棄物処理法を学ぶということは、ちょうどこの人間の成長過程と同じ順序で学習をすることになりますので、大変効率的なのです。

第2章
罰則とは

1 罰則の役割
2 罰則の変遷

第2章

1 罰則の役割

　罰則は、ある特定の行為を犯罪として法律上に明示し、国民がそれを行わないように事前に抑止するために存在しています。

　罰則は「道徳」とは異なり、国民の自由や財産を直接的に奪うものですので、やってはいけないことをできるだけ具体的に書く必要があります。廃棄物処理法の罰則が、誰が読んでも具体的にわかる日本語かというと、そうではない部分も多々ありますが、少なくとも、やってはいけないことはすべて罰則の中に盛り込まれています。逆に言うと、罰則の中に盛り込まれていない行為については、それを行ったとしても刑罰が科されることはありません。

　このように罰則は犯罪を「類型化」し、法律の条文として「明文化」する役割を担っています。実務では罰則を理解することが非常に重要であることをご理解いただけると思います。

　ただし、日本においては罰則以外にも、行政処分という実質的には罰則と匹敵するペナルティにも留意する必要があります。行政処分は、罰則のように裁判手続きで科されるわけではなく、自治体の判断のみで下されます。もちろん、自治体が好き勝手に行政処分ができるわけではなく、廃棄物処理法によって、行政処分の対象や具体的な要件が定められています。しかしながら、行政処分の中には「許可取消」や「事業の停止命令」など、それを受けると廃棄物処理事業に大ダメージを受けるものや、「措置命令」などのように、巨額の金銭負担や報道発表の対象になるものがあるため、自治体だけの判断で機動的に行える分、罰則以上に警戒しておく必要があります。企業にとっては、直接的なダメージとなるという意味では、罰則と行政処分の間にはそれほど大きな違いがないのです。行政処分の措置命令などを無視した場合には、それだけで刑事罰の適用対象にもなりますので、無視した場合のペナルティを考えると、罰則と行政処分には等しく注意を払う必要があります。

犯罪の類型化と明文化、行政処分にも注意

刑罰	法	号	該当する行為
5年以下の懲役もしくは1000万円以下の罰金、またはこれの併科	25条	一	廃棄物処理業の無許可営業
		二	不正の手段により、廃棄物処理業の許可を取得
		三	廃棄物処理業の事業範囲を無許可で変更
		四	不正の手段により、廃棄物処理業の事業範囲を無許可で変更
		五	事業停止命令や措置命令に違反して、廃棄物処理業を実行
		六	無許可業者に廃棄物処理を委託
		七	廃棄物処理業の名義貸し
		八	廃棄物処理施設を無許可で設置
		九	不正の手段により、廃棄物処理施設の設置許可を取得
		十	廃棄物処理施設の許可事項を無許可で変更
		十一	不正の手段により、廃棄物処理施設の変更許可を取得
		十二	廃棄物を不正に輸出
		十三	無許可で産業廃棄物の収集運搬または処分を受託
		十四	廃棄物の不法投棄
		十五	廃棄物の不法焼却
		十六	指定有害廃棄物(硫酸ピッチ)の保管、収集、運搬または処分
3年以下の懲役もしくは300万円以下の罰金、またはこれの併科	26条	一	廃棄物の処理を、委託基準に反した方法で委託
		二	行政からの改善命令・使用停止命令に違反
		三	無許可で、一般廃棄物処理施設または産業廃棄物処理施設を譲り受けまたは借り受け
		四	無許可で国外廃棄物を輸入
		五	国外廃棄物輸入の許可条件違反
		六	「不法投棄」または「不法焼却」する目的で、廃棄物を収集運搬

刑罰	法	号	罰則の適用対象
1年以下の懲役または100万円以下の罰金	27条の2	一	管理票を交付しなかった、または虚偽の記載をして管理票を交付した者
		二	運搬受託者が管理票の写しを送付しなかった、または虚偽の記載をして写しを送付した者
		三	処分先へ管理票を回付しなかった収集運搬業者
		四	管理票の写しを送付しなかった、または虚偽の記載をして写しを送付した処分業者

第2章 罰則とは 1【罰則の役割】

刑罰	法	号	罰則の適用対象
1年以下の懲役または100万円以下の罰金	27条の2	五	管理票またはその写しを保存しなかった者（保存期間は、5年）
		六	虚偽の記載をして管理票を交付した排出事業者（中間処理業者を含む）
		七	排出事業者から管理票の交付を受けずに、産業廃棄物の処理を引き受けた者
		八	運搬または処分が終了していないのに、管理票の写しの送付または情報処理センターへの報告をした者
		九	電子マニフェストを使用するために、情報処理センターに虚偽の登録をした者
		十	電子マニフェストを使用する場合で、受託した廃棄物の処理が終了したにもかかわらず、情報処理センターに報告しなかったまたは虚偽の報告をした者
		十一	行政からの管理票に関する規定遵守の勧告に従わず、更にその勧告に関する措置命令にも違反した者

刑罰	法	号	該当する行為
1年以下の懲役または50万円以下の罰金	28条	一	情報処理業務に関して知った秘密を漏らした情報処理センターの役員または職員（役員または職員を辞めた後でも同様）
		二	指定区域内での「土地の形質の変更」に関する計画変更命令または措置命令に違反した者

刑罰	法	号	罰則の適用対象
6ヶ月以下の懲役または50万円以下の罰金	29条	一	欠格要件に該当する事態になった場合、または建設廃棄物の保管場所を届け出なかった、あるいは虚偽の届出をした者
		二	廃棄物処理施設の変更許可後、「使用前検査」を受けずに、施設を使用した者
		三	市町村が設置した一般廃棄物処理施設に対する都道府県知事の改善命令または使用停止命令に違反した者
		四	処理困難通知を出さなかった、または虚偽の通知を出した者
		五	処理困難通知を出した後、その通知を保存していなかった者
		六	土地の形質の変更の届出をせず、または虚偽の届出をした者
		七	廃棄物処理施設で事故が発生したが、応急的な措置を講じておらず、更に都道府県知事からの措置命令にも違反した施設の設置者

刑罰	法	号	違反行為
30万円以下の罰金	30条	一	帳簿を備えず、規定事項を帳簿に記載せず、または虚偽の記載をした 一般廃棄物収集運搬業者 一般廃棄物処分業者 産業廃棄物収集運搬業者 特別管理産業廃棄物収集運搬業者 産業廃棄物処分業者 特別管理産業廃棄物処分業者 産業廃棄物処理施設設置者

刑罰	法	号	違反行為
30万円以下の罰金	30条	一	変更届をせず、または虚偽の届出をした 　一般廃棄物収集運搬業者 　一般廃棄物処分業者 　一般廃棄物処理施設設置者 　産業廃棄物収集運搬業者 　特別管理産業廃棄物収集運搬業者 　産業廃棄物処分業者 　特別管理産業廃棄物処分業者 　産業廃棄物処理施設設置者
		三	産業廃棄物処理施設の設置事業者で、定期検査を拒み、妨げ、または忌避した者
		四	一般廃棄物処理施設または産業廃棄物処理施設の設置者で、施設の維持管理記録を作らず、または虚偽の記録をした者
		五	産業廃棄物処理施設の設置事業者で、その事業所に産業廃棄物処理責任者または特別管理産業廃棄物処理責任者を置かなかった者
		六	有害使用済機器保管場所の届出をせず、または虚偽の届出を行い、有害使用済機器の保管または処分を業として行った者
		七	行政からの報告徴収に対し、報告をせず、または虚偽の報告をした者
		八	立入検査や廃棄物の収去を拒み、妨げ、または忌避した者
		九	一般廃棄物処理施設または産業廃棄物処理施設の設置者で、その施設に技術管理者を置かなかった者
30万円以下の罰金	31条	一	許可を受けずに情報処理業務の全部を廃止した情報処理センターまたは廃棄物処理センターの役員または職員
		二	帳簿を備えず、帳簿に記載せず、もしくは虚偽の記載をし、または帳簿を保存しなかった情報処理センターまたは廃棄物処理センターの役員または職員
		三	行政からの報告徴収に対し、報告をせず、または虚偽の報告をした情報処理センターまたは廃棄物処理センターの役員または職員
		四	立入検査を拒み、妨げ、または忌避した情報処理センターまたは廃棄物処理センターの役員または職員
20万円以下の過料	33条	一	非常災害が発生したために工事現場の外で建設廃棄物の保管を行った場合の事後の届出、または土地の形質変更の届出をせず、または虚偽の届出をした者
		二	廃棄物処理計画を提出しない、または虚偽の記載をして計画を提出した多量排出事業者
		三	廃棄物処理計画の実施状況報告をせず、または虚偽の報告をした多量排出事業者
10万円以下の過料	34条		廃棄物再生利用事業者登録を受けずに、その名称中に「登録廃棄物再生事業者」という文字を使用した者

第2章　罰則とは　1　【罰則の役割】

第2章

2 罰則の変遷

　廃棄物処理法で最も重い刑罰は、廃棄物処理法第25条の「5年以下の懲役、もしくは1,000万円以下の罰金、またはこれの併科」というものです。この刑罰の適用対象になるのは、「不法投棄」や「野外焼却」、「廃棄物処理業の無許可営業」などですが、廃棄物処理法の制定当初からこのように重い刑罰だったわけではありません。

　不法投棄に関する罰則に着目し、廃棄物処理法が改正されてきた経緯をまとめると、表のようになります。

　廃棄物処理法制定から40年を経て、現在では、法人が罰せられる場合の罰金の最高額は「3億円」にまで跳ね上がっていますので、法律制定時の「罰金5万円」という金額は隔世の感がします。

　それは、現在と40年前の社会状況が大きく異なっているという証拠でもあります。環境への悪影響のみならず、罰則というペナルティの重さや、社会から失う信用の大きさなどを考えると、現在では、不法投棄は絶対に起こしてはいけない犯罪であることは間違いありません。

　不法投棄以外にも、委託基準違反や無許可営業その他は「5年以下の懲役、もしくは1000万円以下の罰金」の適用対象になりますので、知らずに違反をしてしまうことがないよう、くれぐれも気を付けてください。

40年の間に5万円から3億円まで上昇

KEY WORD

罰則の変遷

年	きっかけ	不法投棄に対する罰則
昭和46年	・昭和45年の公害国会で、「清掃法」が全面的に改正され、「廃棄物の処理及び清掃に関する法律」として制定され、昭和46年から施行	・5万円以下の罰金
昭和51年	・六価クロム不法投棄事件の発生や、当時不法投棄事件が社会問題化し始めたことを受け、初めての法律改正が行われた ・措置命令の規定が創設された	・3月以下の懲役、または20万円以下の罰金
平成3年	・豊島不法投棄事件その他の不法投棄問題に対応するため、罰則の引き上げの他、マニフェスト制度（当時は、特別管理産業廃棄物のみが対象）などが創設された。 ・廃棄物処理施設設置が「届出制」から「許可制に」なった ・委託契約書の作成が義務付けられた	・6月以下の懲役、または50万円以下の罰金
平成9年	・焼却施設から発生するダイオキシンの問題 ・産業廃棄物処理施設設置手続きの明確化（生活環境影響調査の実施が義務付けられる） ・産業廃棄物処理の委託基準の強化 ・マニフェストがすべての産業廃棄物に適用されることになった、	・3年以下の懲役、もしくは1000万円以下の罰金、またはこれの併科 ・法人に対しては「1億円以下の罰金」という両罰規定が創設される
平成12年	・いまだ止まない不法投棄や不適正処理への対応で、罰則が全面的に強化された ・野外焼却が直罰の対象になった	・5年以下の懲役、もしくは1000万円以下の罰金、またはこれの併科 ・両罰規定で法人の場合は「1億円以下の罰金」
平成22年	・いまだ止まない不法投棄や不適正処理への対応するため、排出事業者責任を強化 ・新たな罰則が数多く追加された	・5年以下の懲役、もしくは1000万円以下の罰金、またはこれの併科 ・両罰規定で法人の場合は「3億円以下の罰金」

第2章 罰則とは2【罰則の変遷】

第3章
罰則の取扱い説明書

1 両罰規定
2 委託契約書
3 マニフェストに関する罰則
4 許可業者への委託義務
5 行政からの命令に関する違反
6 廃棄物処理業者に対する罰則
7 廃棄物処理施設に関する罰則
8 欠格要件
9 その他の罰則

第3章

■発生頻度 ★★★☆☆　■罰則の重さ ★★★☆☆

1 両罰規定

事例から学ぶ　罰則への対処法（両罰規定）

：廃棄物処理企業のA社長

　6カ月前から雇っている運転手にB山太郎ってのがいるんですけども、仕事の段取りはそつなくこなすので、思い切って2カ月前にルート回収を任せてみたんです。

　仕事はそれなりにできるやつだから、さらにやりがいを感じて取り組んでくれるのではと期待していたんですが、その頃から他の従業員の間でB山の素行の悪さが噂に上り始めたんです。

　一度じっくりとB山の話を聞いてみないといけないと思っていた矢先に、こちらの指示した運搬ルートを完全に無視し、「産業廃棄物を運ぶなんて面倒だからやってらんねえ」と言って、山中の道路脇に運搬物を勝手に投棄してしまったんです。

　B山が廃棄物を捨てる寸前に、現場付近でダンプに書かれた当社の表示を見ていた人がいたので、あっさりとB山の犯罪だとわかり、B山は警察に逮捕されてしまいました。私が指示したわけではないのに、私も警察から事情聴取を受け、「社長が不法投棄を指示したんじゃないのか？」とか、こってりと絞られて往生しましたよ。

　で、結局B山自身は起訴されるのが確実なんですが、警察もB山が個人的にやった犯罪ということだけはわかってくれたみたいなので、会社の廃棄物処理業の許可には影響しないですよね？

A：「従業員の個人的犯罪だから会社には無関係」と思いたいところですが、実際にはそのようにみなされるケースの方が少ないため、決して予断を許さない状況です…

従業員の不法行為が会社の命取りに直結する

■理由：廃棄物処理法には、「両罰規定」というものがあり、不法投棄など一定の悪質な犯罪に限定されますが、従業員が個人的に行った犯罪であっても、「そのような犯罪が起こったのは、従業員の使用者（法人または個人）が監督責任を果たしていなかったからだ」とみなされ、実際には犯罪を行っていない使用者も、従業員と一緒に罰せられる可能性があるからです。

そのため、A社長が不法投棄を指示したわけではなくとも、運転手のB山太郎氏の一存で不法投棄ができる環境を放置したことや、B山氏を適切に指揮・監督していなかったとみなされると、A社長の会社にも不法投棄の罰則が適用される可能性があるのです。

さすがに、A社長自身が不法投棄を指示していない以上、A社長に懲役刑が科されることはありませんが、会社に対しては、3億円以下の罰金が科される可能性があります。もし、会社に対して廃棄物処理法に基づく罰金刑が科されることになると、それだけで廃棄物処理業の欠格要件に該当（詳細は、110〜121ページ参照）してしまいますので、会社が有しているすべての廃棄物処理業の許可が取消されてしまいます。

会社が指示したわけではないのに、従業員が勝手に行った犯罪によって会社の廃棄物処理業の許可が全滅するということは、犯罪とは無関係な多くの従業員の生活まで奪うことにつながります。廃棄物処理企業にとっては、非常に理不尽な仕打ちと言いたくなるところです。

しかし、逆に言うと、これだけ情け容赦なく廃棄物処理法違反を断罪する規定が廃棄物処理法にあるということは、国としては、それだけ不法投棄などの廃棄物処理法違反を悪質な犯罪とみなしていると受け止めた方が良さそうです。

「他の業態と比べて廃棄物処理業に対する規制が厳しすぎる」と思いたくなるのが人情ですが、もう既に、両罰規定が廃棄物処理法に明記されている以上、従業員の犯罪が即会社の犯罪としてみなされてしまう、ということを現実として認識し、従業員が不用意に犯罪をしてしまわないような対策を取ることが必要不可欠です。

【廃棄物処理法 第32条】

　　法人の代表者又は法人若しくは人の代理人、使用人その他の従業者が、その法人又は人の業務に関し、次の各号に掲げる規定の違反行為をしたときは、行為者を罰するほか、その法人に対して当該各号に定める罰金刑を、その人に対して各本条の罰金刑を科する。

　一　第25条第1項第一号から第四号まで、第十二号、第十四号若しくは第十五号又は第2項
　　　3億円以下の罰金刑

　二　第25条第1項（前号の場合を除く。）、第26条、第27条、第27条の2、第28条第二号、
　　　第29条又は第30条 各本条の罰金刑

　2　前項の規定により第25条の違反行為につき法人又は人に罰金刑を科する場合における時効の期間は、同条の罪についての時効の期間による。

廃棄物処理法第32条を因数分解

誰が	どんなことをしたら	どうなる	
		法人	人
・法人の代表者 ・法人若しくは人の代理人 ・法人若しくは人の使用人 ・法人若しくは人の従業者	第25条第1項第一号 廃棄物処理業の無許可営業	3億円 以下の罰金	1,000万円 以下の罰金
	第25条第1項第二号 不正の手段により、廃棄物処理業の許可を取得		
	第25条第1項第三号 廃棄物処理業の事業範囲を無許可で変更		
	第25条第1項第四号 不正の手段により、廃棄物処理業の事業範囲を無許可で変更		
	第25条第1項第十二号 廃棄物を不正に輸出		
	第25条第1項第十四号 廃棄物の不法投棄		
	第25条第1項第十五号 廃棄物の焼却		
	第25条第2項 廃棄物の不正輸出、不法投棄、もしくは不法焼却の未遂		
	第25条第1項第五号 事業停止命令や措置命令に違反して、廃棄物処理業を実行	法人、人ともに 1,000万円以下の罰金	
	第25条第1項第六号 無許可業者に廃棄物処理を委託		

誰が	どんなことをしたら	どうなる	
		法人	人
・法人の代表者 ・法人若しくは人の代理人 ・法人若しくは人の使用人 ・法人若しくは人の従業者	第25条第1項第七号 廃棄物処理業の名義貸し	法人、人ともに 1,000万円以下の罰金	
	第25条第1項第八号 廃棄物処理施設を無許可で設置		
	第25条第1項第九号 不正の手段により、廃棄物処理施設の設置許可を取得		
	第25条第1項第十号 廃棄物処理施設の許可事項を無許可で変更		
	第25条第1項第十一号 不正の手段により、廃棄物処理施設の変更許可を取得		
	第25条第1項第十三号 無許可で産業廃棄物の収集運搬または処分を受託		
	第25条第1項第十六号 指定有害廃棄物（硫酸ピッチ）の保管、収集、運搬または処分		
	第26条第一号 廃棄物の処理を、委託基準に反した方法で委託	法人、人ともに 300万円以下の罰金	
	第26条第二号 行政からの改善命令・使用停止命令に違反		
	第26条第三号 無許可で、一般廃棄物処理施設又は産業廃棄物処理施設を譲り受け又は借り受け		
	第26条第四号 無許可で国外廃棄物を輸入		
	第26条第五号 国外廃棄物輸入の許可条件違反		
	第26条第六号 「不法投棄」又は「不法焼却」する目的で、廃棄物を収集運搬		
	第27条 廃棄物の不正輸出をする目的で予備行為をした	法人、人ともに 200万円以下の罰金	
	第27条の2第一号 管理票を交付しなかった、又は虚偽の記載をして管理票を交付した	法人、人ともに 100万円以下の罰金	

第3章　罰則の取扱い説明書 1【両罰規定】

誰が	どんなことをしたら	どうなる	
		法人	人
・法人の代表者 ・法人若しくは人の代理人 ・法人若しくは人の使用人 ・法人若しくは人の従業者	**第27条の2第二号** 運搬受託者が管理票の写しを送付しなかった、又は虚偽の記載をして写しを送付した	法人、人ともに 100万円以下の罰金	
	第27条の2第三号 処分先へ管理票を回付しなかった収集運搬業者		
	第27条の2第四号 管理票の写しを送付しなかった、又は虚偽の記載をして写しを送付した処分業者		
	第27条の2第五号 管理票又はその写しを保存しなかった		
	第27条の2第六号 排出事業者（中間処理業者を含む）が虚偽の記載をして管理票を交付		
	第27条の2第七号 排出事業者から管理票の交付を受けずに、産業廃棄物の処理を引き受け		
	第27条の2第八号 運搬又は処分が終了していないのに、管理票の写しの送付又は情報処理センターへ報告		
	第27条の2第九号 電子マニフェストを使用するために、情報処理センターに虚偽の登録		
	第27条の2第十号 電子マニフェストを使用する場合で、受託した廃棄物の処理が終了したにもかかわらず、情報処理センターに報告しなかったまたは虚偽の報告		
	第27条の2第十一号 行政からの管理票に関する規定遵守の勧告に従わず、更にその勧告に関する措置命令にも違反		
	第28条第二号 指定区域内での「土地の形質の変更」に関する計画変更命令又は措置命令に違反	法人、人ともに 50万円以下の罰金	
	第29条第一号 欠格要件に該当する事態になった場合、又は建設廃棄物の保管場所を届け出なかった、あるいは虚偽の届出をした		

30

誰が	どんなことをしたら	どうなる	
		法人	人
・法人の代表者 ・法人若しくは人の代理人 ・法人若しくは人の使用人 ・法人若しくは人の従業者	第29条第二号 廃棄物処理施設の設置許可後、「使用前検査」を受けずに、施設を使用した	法人、人ともに 50万円以下の罰金	
	第29条第三号 市町村が設置した一般廃棄物処理施設に対する都道府県知事の改善命令または使用停止命令に違反した		
	第29条第四号 処理困難通知を出さなかった、または虚偽の通知を出した		
	第29条第五号 処理困難通知を出した後、その通知を保存していなかった		
	第29条第六号 土地の形質の変更の届出をせず、または虚偽の届出		
	第29条第七号 廃棄物処理施設で事故が発生したが、応急的な措置を講じておらず、更に都道府県知事からの措置命令にも違反		
	第30条第一号 帳簿を備えず、規定事項を帳簿に記載せず、または虚偽の記載	法人、人ともに 30万円以下の罰金	
	第30条第二号 変更届をせず、または虚偽の届出		
	第30条第三号 定期検査を拒み、妨げ、または忌避		
	第30条第四号 廃棄物処理施設の設置者が、施設の維持管理記録を作らず、または虚偽の記録		
	第30条第五号 産業廃棄物処理施設の設置事業者が、その事業所に産業廃棄物処理責任者または特別管理産業廃棄物処理責任者を置かなかった		
	第30条第六号 有害使用済機器保管場所の届出をせず、または虚偽の届出を行い、有害使用済機器の保管または処分を業として行った		
	第30条第七号 行政からの報告徴収に対し、報告をせず、または虚偽の報告		

第3章 罰則の取扱い説明書 1【両罰規定】

誰が	どんなことをしたら	どうなる	
		法人	人
・法人の代表者 ・法人若しくは人の代理人 ・法人若しくは人の使用人 ・法人若しくは人の従業者	第30条第八号 立入検査や廃棄物の収去を拒み、妨げ、または忌避	法人、人ともに 30万円以下の罰金	
	第30条第九号 廃棄物処理施設の設置者が、その施設に技術管理者を置かなかった		

　このように、委託契約書やマニフェストなど、排出事業者や処理業者の日常的な業務において、ついやってしまいそうなミスが犯罪に直結し、会社の存続が危うくなるということに注意する必要があります。

　廃棄物の排出企業の場合は、万が一両罰規定が適用され、会社に罰金刑が科された場合でも、非常に不名誉なことには違いありませんが、会社の寿命がそこで尽きてしまうわけではありません。

　しかし、廃棄物処理企業の場合は、そういうわけにはいきません。先述したように、従業員の違法行為が会社の処理業許可に直接影響するからです。

　廃棄物処理企業において、廃棄物処理法に関する誤解を漫然と放置していると、違法な操業が常態化し、違法状態を違法とも思わなくなってしまいます。

　そのような状態が長期間継続すると、行政や警察などの外部に廃棄物処理法違反が発覚する確率も日増しに高くなります。そして、気付いた時には、「このくらいの違反なら問題ない」「この程度の違反はどこの会社でもやっている」「違反をしても見つからなければよい」という言葉が口癖になり、法律違反が外部に発覚するのも時間の問題となります。

組織崩壊の前兆となるキーワード3

キーワード	なぜいけないか
これくらいなら…	法律違反が常態化している証。違法の是認を続けると、違法状態が当たり前となり、正常な判断ができなくなる。
他もやっているから…	他の業者が同様の違反をやっているからといって、自社の違法行為を正当化する理由にはならない！ 他社の有様を見て自分を納得させるのではなく、目標をもっと高く持ち、業界の模範となる操業を目指しましょう。
見つからなければ…	いつ行政や警察に法律違反が発覚するかは誰にもわからない。特に、行政にはいつ来られても良いような操業を日頃から励行しておきましょう。

廃棄物処理企業にとって重要な原則

廃棄物処理企業にとって最も重要な両罰規定対策は、経営層と従業員に対する廃棄物処理法の教育です。一般的な業法よりも厳しい罰則がある、廃棄物処理法の規制を知らずに廃棄物処理事業を行うのは、目隠しで自動車を運転するようなものです。目隠しで車を運転した場合でも、無事に目的地にたどり着く可能性があるかもしれませんが、それはただ単に強運だっただけです。

廃棄物処理事業の本質を理解して操業を続けながら、企業としての発展を図っていくためには、廃棄物処理事業に携わるすべての人が廃棄物処理法の規制や罰則を正しく理解することが不可欠です。

具体的な両罰規定対策

> 1.廃棄物処理法の罰則教育をしっかりと行う
> 2.従業員の労働に対し、適切な対価（給与）で応えること
> 3.誰でも政令使用人にするな
> 4.役員と出資者の選定は慎重に

■ 1. 廃棄物処理法の罰則教育をしっかりと行う

従業員の個人的な犯罪であっても、会社も連座して罰則が適用される可能性がある以上、まずは、関係者全員が「廃棄物処理法のやってはいけない決まり」を理解する必要があります。

具体的な教育ポイントとしては、

- 収集運搬から最終処分に至るまでの「廃棄物処理基準」
- 排出事業者や他の処理企業との取引方法に関わる「委託基準」
- 委託契約書やマニフェストの運用方法

等があります。

■ 2. 従業員の労働に対し、適正な対価（給与）で応えること

当たり前の話ですが、労働力を提供してくれている従業員に対しては、その対価として適正な給与を支払うことが必要です。最近では、残業代の未払いなどで労使間のトラブルになり、労働基準監督署の介入を受ける企業が増えています。

適正な給与を貰えず、労働の負担だけを押し付けられた場合、ほとんどの人は自分の仕事に誇りを持てず、いい加減な仕事をしてしまいがちです。いい加減なだけならまだしも、会社に対する悪意でわざと違法な仕事をされてしまうと、会社にとっては非常に大きなダメージとなります。

　元々払わなければならないコストである以上、従業員を会社の味方にするためにも、給与は気持ちよく支払う方が良いですね。

【廃棄物処理法施行令で示す使用人】

　　第4条の7（法第7条第5項第四号）ヘ、リ及びヌに規定する政令で定める使用人は、申請者の使用人で、次に掲げるものの代表者であるものとする。

　一　本店又は支店（商人以外の者にあつては、主たる事務所又は従たる事務所）
　二　前号に掲げるもののほか、継続的に業務を行うことができる施設を有する場所で、廃棄物の収集若しくは運搬又は処分若しくは再生の業に係る契約を締結する権限を有する者を置くもの

■ 3. 誰でも政令使用人にするな

　政令使用人とは、廃棄物処理法施行令第4条の7で定められている、一定の範囲内の法人の業務執行権限を委任された使用人のことです。

　通常は、「支店長」や「営業所長」などのポジションについた人が政令使用人に該当しますが、廃棄物処理業の場合は、使用者の法人や個人が任命さえすれば、使用者がある程度自由に政令使用人を設置することができます。実務的には、産業廃棄物処理業の許可申請などの際に、役員の代わりに従業員に講習会を受講してもらい、その従業員の修了証を許可申請書に添付する、という場面で政令使用人を（形式的に？）設置するということになります。

　一見すると、政令使用人は役員のように登記をする必要が無く、使用者の任意で自由に設置できる便利な役職に思えます。しかし、廃棄物処理業における政令使用人は、役員と同様に欠格要件の適用対象者となることに注意する必要があります。

　元々は上記の廃棄物処理法施行令第4条の7に書かれているとおり、廃棄物処理業の政令使用人は、契約の締結権限がある役職ですので、会社にとっても重要な意味があ

34

る人材です。

このように、廃棄物処理企業においては、まっとうに仕事をする政令使用人であっても、飲酒運転などの完全にプライベートな行為によって欠格要件に該当してしまう可能性があることを考慮し、私生活や人柄に問題がない人物しか任命しないように気を付けることが必要です。

■ 4. 役員と出資者の選定は慎重に

中小企業においては、役員や株主を親族で固めることが非常に多いものです。中には、役員に名を連ねながらも、会社に出社することがまったくない登記上のみの役員もいることでしょう。

しかしながら、廃棄物処理企業の欠格要件該当性が問題になる際は、個々の役員等の経営への関与度合いや実質的な権限などが考慮されることは無く、役員として登記されているかどうかのみが機械的に判断されることになります。

したがって、政令使用人と同様に役員と出資者に素行の悪い人物が就いていると、会社の処理業の許可がいつ取消されるかわからないというリスクがあります。

特に出資者の場合は、「株主総会」を開催しない限り、会社に現れることはまずありませんので、プライベートの犯罪によって、出資者が欠格要件に該当しているということを知った時には、何も手を打てない状態であることがほとんどです。

実際に、出資者が個人的に起こした道路交通法違反によって、その出資者が欠格要件に該当することになり、出資先の廃棄物処理企業の業許可が取消しされてしまうという事件がありました。

出資者が死亡し、その相続人が出資者の地位を相続したために、出資者の人数が増えたという企業も多いと思います。このようなケースでは、欠格要件の対象者が増えた分、業許可取消のリスクも増えることになりますので、廃棄物処理企業の場合は、新たに出資者の地位を相続した人物から、株式の買取などを検討した方が良いこともあります。

以上のように、罰則を通して廃棄物処理法のリスクを考えてみると、今までは気付かなかった落とし穴が見えてくるようになります。落とし穴を見て見ぬふりをするのではなく、現実を現実として直視し、会社経営の穴をふさぐことから始めてみてはいかがでしょうか。

■発生頻度　★★★★★　■罰則の重さ　★★★☆☆

2 委託契約書

事例から学ぶ　罰則への対処法（委託契約書）

：製造事業者の廃棄物管理担当課長B氏

　産業廃棄物の処理を委託する際には、いつも取引先の処理業者に契約書を作ってもらっています。正直なところ、契約書の内容は全面的に処理業者任せで、私がするのは代表取締役印の押印手続きくらい。長年の取引実績があるし、処理料金を値上げするとも聞いていなかったので、契約書の処理料金の項目をチェックしていませんでした。

　そうした状態が5年以上続きましたが、その間、特に問題はありませんでした。

　しかし、昨日急に行政から電話がかかってきて、当社の委託先の処理業者が某県で不法投棄をしていたことが発覚し、「御社の委託契約書は、処理料金を定めていないものが多く、委託基準違反となる契約をしていたようなので、詳しく事情を聴きたい。ついては、●月●日に契約書とマニフェストを持参の上、当庁まで来庁されたい」と言われたんです…

　当社としては、契約書にちょっとした不備があるとしても、処理業者に不法投棄を指示したわけではないので、行政の事情聴取に対して堂々と構えていればいいんですよね？

A：単なる契約書の記載ミスで済めば良いのですが、委託先の処理業者が不法投棄をしてしまった以上、「契約書の記載ミスをしました。申し訳ありません」では済まない可能性があります…

■理由：廃棄物処理法は、産業廃棄物の排出事業者に対し、処理業者などに委託をする際の方法や手続きを「委託基準」として定めています。委託基準に反した委託をした

法定記載事項は抜かりなく KEY WORD

場は、廃棄物処理法第26条によって刑事罰の適用対象になることがあるからです。

そのため、排出事業者は、委託基準で定められたとおりに委託をしなければなりません。委託契約書に書くべき内容は、委託基準によって細かく規定されており、これらの委託契約書に書くべき内容を「法定記載事項」と言います。

注意が必要なのは、法定記載事項に記載漏れがあるだけで委託基準違反となってしまい、刑事罰の適用対象となることです。

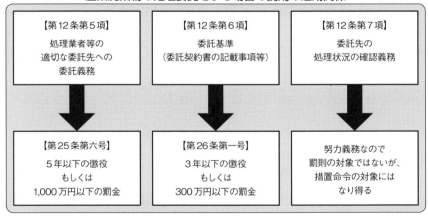

産業廃棄物の処理委託をする場合の罰則の適用関係

委託契約書の法定記載事項は、産業廃棄物を適切に処理するために必要な情報ですので、排出事業者はその内容をよく理解したうえで、契約書を作成する必要があります。形式的には、法定記載事項の記載漏れが一つでもあると、それだけで委託基準違反となってしまうからです。

逆に、委託先処理業者の許可の内容と処理状況をきちんと確認し、法定記載事項を網羅した委託契約書を作成して委託をするようにすれば、委託基準を順守したことになり、万が一不法投棄などに巻き込まれた場合でも、措置命令の対象となるのを免れることができます。

ただし、実務においては、最初のうちは余程注意をしない限り、法定記載事項を完全に網羅した契約書を作成するのは困難です。それは、一つ一つの法定記載事項の存在理由や書くべき内容を正確に把握していないためです。

　産業廃棄物の委託契約書の法定記載事項の詳細については、後程見ることにして、まずは委託基準違反に関する罰則の全体像を見ていくことにしましょう。

委託基準違反に関する罰則

【廃棄物処理法 第26条】

　　次の各号のいずれかに該当する者は、3年以下の懲役若しくは300万円以下の罰金に処し、又はこれを併科する。

　一　第6条の2第7項、第7条第14項、第12条第6項、第12条の2第6項、第14条第16項
　　　又は第14条の4第16項の規定に違反して、一般廃棄物又は産業廃棄物の処理を他人に委
　　　託した者
　二～六　略

廃棄物処理法第26条を因数分解

誰が	どんなことをしたら	どうなる
一般廃棄物の排出事業者	第6条の2第7項 （一般廃棄物の委託基準）違反	3年以下の懲役もしくは300万円以下の罰金、またはこれの併科
一般廃棄物処理業者	第7条第14項 （一般廃棄物処理業者に対する再委託の禁止）違反	
産業廃棄物の排出事業者	第12条第6項 （産業廃棄物の委託基準）違反	
特別管理産業廃棄物の排出事業者	第12条の2第6項 （特別管理産業廃棄物の委託基準）違反	
産業廃棄物処理業者	第14条第16項 （産業廃棄物処理業者に対する再委託の禁止）違反	
特別管理産業廃棄物処理業者	第14条の4第16項 （特別管理産業廃棄物処理業者に対する再委託の禁止）違反	

　一般廃棄物の処理を委託する場合は、産業廃棄物とは違い、委託契約書の作成などが義務付けられていません。そのため、一般廃棄物の委託基準の詳細は、後ほど改めて「許可業者への委託」で解説します。ここでは、産業廃棄物の処理委託や再委託の際

38

に必要な契約書などの詳細を解説します。

産業廃棄物の処理委託契約書の法定記載事項は、かなりの数に上りますので、回り道に見えるかもしれませんが、それらを一つずつ理解していくのがもっとも確実です。

まずは、第12条第6項で規定される委託基準に関する具体的な条文を見ていきましょう。第12条第6項自体は非常に簡易な条文です。

【廃棄物処理法 第12条第6項】

6　事業者は、前項の規定によりその産業廃棄物の運搬又は処分を委託する場合には、政令で定める基準に従わなければならない。

実際に大変となるのはここから先で、上記の「政令で定める基準」の量が膨大になります。

条文を一部簡略化し、委託契約書に該当する条文をまとめます。

【廃棄物処理法 施行令 第6条の2】

法第12条第6項の政令で定める基準は、次のとおりとする。

一～三　略

四　委託契約は、書面により行い、当該委託契約書には、次に掲げる事項についての条項が含まれ、かつ、環境省令で定める書面が添付されていること。

> **【廃棄物処理法 施行規則 第8条の4】**
>
> ▼収集運搬を委託する場合は、下記のいずれかの書面を添付
> - 産業廃棄物収集運搬業の許可証の写し
> - 再生利用認定の認定証の写し
> - 広域認定の認定証の写し
> - 無害化処理の認定証の写し
> - その他、受託者が他人の産業廃棄物の運搬を業として行うことができる者で、委託しようとする産業廃棄物の運搬がその事業の範囲に含まれることを証する書面
>
> ▼処分または再生を委託する場合は、下記のいずれかの書面を添付
> - 産業廃棄物処分業の許可証の写し
> - 再生利用認定の認定証の写し
> - 広域認定の認定証の写し

第3章　罰則の取扱い説明書 2【委託契約書】

- 無害化処理の認定証の写し
- その他、受託者が他人の産業廃棄物の処分又は再生を業として行うことができる者で、委託しようとする産業廃棄物の処分又は再生がその事業の範囲に含まれることを証する書面

イ　委託する産業廃棄物の種類及び数量

ロ　産業廃棄物の運搬を委託するときは、運搬の最終目的地の所在地

ハ　産業廃棄物の処分又は再生を委託するときは、その処分又は再生の場所の所在地、その処分又は再生の方法及びその処分又は再生に係る施設の処理能力

ニ　産業廃棄物の処分又は再生を委託する場合において、当該産業廃棄物が環境大臣の許可を受けて輸入された廃棄物であるときは、その旨

ホ　産業廃棄物の処分（最終処分を除く。）を委託するときは、当該産業廃棄物に係る最終処分の場所の所在地、最終処分の方法及び最終処分に係る施設の処理能力

ヘ　その他環境省令で定める事項

【廃棄物処理法 施行規則 第8の4の2】

　　令第6条の2第四号ヘ（再委託の場合も同様）の環境省令で定める事項は、次のとおりとする。

一　委託契約の有効期間

二　委託者が受託者に支払う料金

三　受託者が産業廃棄物収集運搬業又は産業廃棄物処分業の許可を受けた者である場合には、その事業の範囲

四　積替え・保管を行う場合には、当該積替え又は保管を行う場所の所在地並びに当該場所において保管できる産業廃棄物の種類及び当該場所に係る積替えのための保管上限

五　前号の場合において、委託する産業廃棄物が安定型産業廃棄物であるときは、積替え・保管場所において他の廃棄物と混合することの許否等

六　排出事業者が有する産業廃棄物の適正な処理のために必要な情報

イ　産業廃棄物の性状及び荷姿

ロ　通常の保管状況の下での腐敗、揮発等産業廃棄物の性状の変化に関する事項

ハ　他の廃棄物との混合等により生ずる支障に関する事項

ニ　委託物が下記の7種類の産業廃棄物に該当し、JIS規格C0950号に規定する「含有マーク」が付されたものである場合は、「含有マーク」の表示に関する事項

(1)廃パーソナルコンピュータ

(2)廃ユニット形エアコンディショナー

(3)テレビジョン受信機

(4)廃電子レンジ

(5)廃衣類乾燥機

　　　　(6)廃電気冷蔵庫
　　　　(7)廃電気洗濯機
　　　ホ　委託する産業廃棄物に石綿含有産業廃棄物が含まれる場合は、その旨
　　　ヘ　その他当該産業廃棄物を取り扱う際に注意すべき事項
　　七　委託契約の有効期間中に、上記「六」の情報に変更があった場合の情報伝達方法
　　八　受託業務終了時の受託者の委託者への報告に関する事項
　　九　委託契約を解除した場合の処理されない産業廃棄物の取扱いに関する事項

　五　委託契約書及び許可証の写しなどの添付書面を、契約終了日から5年間保存すること。
　六　再委託の承諾をしたときは、その承諾書の写しを承諾日から5年間保存すること。

こうして書くと、法定記載事項の数が非常に膨大であるように見えますが、実務的な
ポイントを絞ると、もっと簡略化できます。

排出事業者が保存しておくべき書類

保存が必須の書類	必要に応じて作成・保存する書類
委託契約書 ＋ 委託先の許可証の写し等	産業廃棄物の適正処理に必要な情報（WDSその他）契約書内に情報を記載するのも可
	再委託を承諾した場合は、承諾書の写し
	その他

また、委託契約書に書くべき法定記載事項を整理すると、次のようになります。

■ 法定記載事項の具体的な表現例
　1. 委託する産業廃棄物の種類と数量
　　　例：「種類　廃プラスチック類」
　　　　「数量 月10t」（予定数量さえ決めれば、1日単位でも1年単位でも構わない。）

2.委託契約の有効期間

例:「平成30年5月1日から平成31年4月30日までの2年間とする」

3.委託者が受託者に支払う料金

例:「1tあたり1,000円」(料金が明確にわかる表現が必要)

4.委託する廃棄物を適正に処理するために必要な情報

例:「揮発性の高い廃油であるため、保管場所の付近などで火気を使用しないこと」

（必要に応じて、WDS（廃棄物データシート）などを作成すると良い）

5.委託契約の有効期間中に、上記「4」の情報に変更があった場合に、その情報の伝達方法に関する事項

例:「廃棄物の性状等に変更が生じた場合は、委託者は受託者に対し、直ちに変更後の情報に基づいたWDSを書面で提出する」(書面での提出が義務付けられているわけではないので、実態に応じて、FAXやメールでの情報提供も可)

6.受託業務終了時の受託者への報告に関する事項

例:「委託業務の終了報告は、マニフェストを委託者に返送することで、報告に変える」

7.委託契約を解除した場合の処理されない産業廃棄物の取扱いに関する事項

例:「契約解除によって未処理の産業廃棄物が残った場合は、委託者の費用負担に基づいてその産業廃棄物の回収をし、委託者の責任において、改めて産業廃棄物処理を行う」(「誰の責任で契約解除後に残った廃棄物処理を行うか」さえ決めていれば、委託者と受託者のどちらの責任で処理をするのかは、当事者間で自由に決めて良い)

すべての委託契約書に共通する法定記載事項

1.委託する産業廃棄物の種類と数量
2.委託契約の有効期間
3.委託者が受託者に支払う料金
4.受託者が産業廃棄物処理業者である場合は、その事業の範囲
5.委託する廃棄物を適正に処理するために必要な情報
6.委託契約の有効期間中に、上記「4」の情報に変更があった場合に、その情報の伝達方法に関する事項
7.受託業務終了時の受託者への報告に関する事項
8.委託契約を解除した場合の処理されない産業廃棄物の取扱いに関する事項

収集運搬の委託契約書	中間処理の委託契約書	最終処分の委託契約書
●運搬の最終目的地	●中間処理場の所在地 ●中間処理の方法 ●中間処理施設の処理能力	●最終処分場の所在地 ●最終処分の方法 ●最終処分施設の処理能力
(以下、積替え保管をする場合のみの記載事項) ●積替え保管場所の所在地 ●積替え保管場所で保管できる産業廃棄物の種類 ●積替え保管のための保管上限 ●安定型産業廃棄物を委託する場合は、他の廃棄物と混合することの許否	●中間処理残さを最終処分する場所の所在地 ●中間処理残さを最終処分する方法 ●中間処理残さの最終処分先の処理能力 ●委託する産業廃棄物が許可を受けて輸入された廃棄物である場合はその旨	●委託する産業廃棄物が許可を受けて輸入された廃棄物である場合はその旨

このように、法定記載事項の一つ一つを見ると、どれもそれほど難しい内容ではないことをおわかりいただけると思います。しかし、実際には、「面倒だから」とか「細かく書かなくても処理業者は処理してくれるから」といった理由で、疎かに扱われることが多いものです。

その中でも、特に頻繁に見られる記載ミスは「処理料金」です。「毎月処理料金が変動するから」とか、「見積でその都度対応しているから」という理由で、契約書の中で処理料金を決めずに処理委託をしているケースがよくあります。

一般的な商取引においては、金額の定めはもっとも重視される契約内容の一つです。廃棄物処理委託契約も、処理業者との商取引であることに違いはありません。

法定記載事項の記載があるかどうかだけで、合法な委託なのか、それとも違法な委託なのかが、クッキリと別れることになります。法定記載事項の記載漏れは、単なる記載ミスで済む話ではありません。それぞれの法定記載事項の一つずつは、どれも単純なものばかりなのですから、契約書に必ず明記するようにしておきましょう。

■それでも、委託契約書に処理料金を明記したくない場合は

それでは、毎月処理料金が変動するような場合は、毎月委託契約書を作成しなおす必要があるのでしょうか? もちろん、そうすることも可能です。しかし、毎月毎月処理料金を書き換えるためだけに、契約書を作りなおすのは大変な手間です。

そこで、このような場合には、処理料金以外の法定記載事項は「委託契約書」で定め、毎月変動する処理料金は「覚書」で別途決定するという方法があります。

こうしておけば、月々変動する処理料金を「覚書」という形式で書面化しつつ、法定記載事項のすべてを網羅した「委託契約書」を作成することが可能です。

■契約書と覚書の違い

当事者同士の合意事項を文書化した結果という意味では、契約書と覚書に違いはありません。違うのは文書のタイトルくらいで、法律的な効力はまったく一緒です。

そのため、仮にタイトルを「産業廃棄物処理委託契約書」を「産業廃棄物処理覚書」とした場合でも、法定記載事項を網羅した「産業廃棄物処理覚書」は法律的に有効な文書です。

実務的に契約書と覚書を分けて使う理由としては、契約の基本的な事項は契約書で

定め、後日契約内容に変更が生じた場合や、契約書で細かく定めなかった事項を明確にしたい場合などに、改めて契約書を作りなおすという労力をかけることなく、覚書として「合意に達した事項を簡易に書面化する」ために、契約書と覚書が使い分けられています。

　このように、契約書と覚書の両方を運用する場合、覚書は契約書を補完する文書となりますので、契約書と覚書の2つで一体の契約文書として扱う必要があります。契約書を保存せず、覚書だけを保存するという運用は、覚書で法定記載事項のすべてが網羅されていない限り、廃棄物処理法違反となります。

■契約書と覚書の一体運用方法

①まずは、処理料金以外の法定記載事項を網羅した委託契約書を作成します。

②次に、処理料金については、契約の基本となる委託契約書では定めず、覚書で決定することになりますので、委託契約書の処理料金欄に下記のような記載をします。

委託契約書の処理料金に関する記載方法

【第●条　委託する産業廃棄物の種類、数量及び単価】

　　委託者が、受託者に収集・運搬を委託する産業廃棄物の種類、数量及び収集・運搬単価は、次のとおりとする。

種類	廃プラスチック類	木くず
数量	10t／月	20t／月
単価	別途覚書によって決定する	別途覚書によって決定する

③そして、毎月変動する処理料金に関する合意をした証拠として覚書を作成します。

④作成した覚書は、委託契約書と一体の文書として、必ず一緒に保存しておきます。

　処理料金が書かれていない委託契約書のみを保存していても、法定記載事項を満たしていないため委託基準違反になりますし、覚書だけを保存するのも同様に委託基準違反となります。覚書で詳細を運用する場合は、必ず基本となる契約書と覚書の2つを1セットで扱うように注意しましょう。

覚書の記載事例

覚書

　排出事業者：●●株式会社（以下「甲」という）と、

　収集運搬業者：□□株式会社（以下「乙」という）とは、

　甲乙間の平成 ×× 年 × 月 × 日に契約を締結した産業廃棄物処理委託契約書（以下「原契約」という）第●条に基づき、平成 30 年 5 月 1 日から平成 30 年 5 月 31 日までの収集運搬料金を、下記のとおりと定めることに合意をした。

記

1. 甲が乙に支払う収集運搬料金

種類	廃プラスチック類	木くず
単価	1,000円／t	700円／t

2. 本覚書の有効期間

　平成 30 年 5 月 1 日から平成 30 年 5 月 31 日

　以上、本覚書成立の証として本書 2 通を作成し、甲乙記名捺印の上各自 1 通を保有する。

平成 30 年 5 月 1 日

　　　　　　甲　　●●株式会社　代表取締役　●山●一

　　　　　　乙　　□□株式会社　代表取締役　□川▲▲

第3章

■発生頻度 ★★★☆☆　■罰則の重さ ★★★☆☆

3 マニフェストに関する罰則

事例から学ぶ　罰則への対処法（マニフェスト）

：廃棄物収集運搬企業のC社長

　先日産業廃棄物を収集運搬してる時に、「産業廃棄物監視月間」だとかで、県と県警の合同で道路検問しているのに出くわしたんです。

　うちはモグリの無許可業者ではないので、県に許可された産業廃棄物しか扱えないのは当然ですが、従業員にも常日頃からそれを徹底的に教育しています。

　だから、検問があったとしても、まったく後ろめたいことなんてないと思っていたんですけど、検問にあった従業員が青ざめた顔で会社に帰ってきたんです。

　その従業員の話では、「排出事業者からマニフェストの交付を受けずに産業廃棄物を運搬するのは犯罪だ。業許可の取消も視野に入れてじっくりと話を聞きたいので、3日後の●日の朝10時に、排出事業者と一緒に来庁されたい」と、県の担当者に厳しくしかられたそうなんです。

　たしかに、産業廃棄物を運搬する際には、マニフェストの携行が必要なことは私も知っていますが、お客さんによっては、産業廃棄物の回収が先で、マニフェストを回収後に郵送してくるところもあるんですよ。こっちも客商売ですから、「後でマニフェストをちゃんと送るから」というお客さんをむげに断れないですし、後付けとはいえ、最終的にはマニフェストがちゃんと揃った状態になるんですから、何も問題はないはず。業許可の取消なんて単なる脅しですよね!?

：たしかに、マニフェストは排出事業者が交付するべきもので、処理業者には交付する責任がありません。しかし、マニフェストは産業廃棄物の適正処

テキトーな運用をしていると刑事罰や許可取消に遭う

理の証拠となる重要な書類ですので、処理業者にもマニフェストに関しては色々な義務が課されています。

その端的な例の一つが、2010年改正で追加された「マニフェストが交付されていない産業廃棄物の引受禁止義務」です。

【廃棄物処理法 第27条の2第七号】
　次の各号のいずれかに該当する者は、6月以下の懲役又は50万円以下の罰金に処する。
　七　第12条の4第2項の規定に違反して、産業廃棄物の引渡しを受けた者

【廃棄物処理法 第12条の4第2項】
　2　前条第1項の規定により管理票を交付しなければならないこととされている場合において、運搬受託者又は処分受託者は、同項の規定による管理票の交付を受けていないにもかかわらず、当該委託に係る産業廃棄物の引渡しを受けてはならない。ただし、次条第1項に規定する電子情報処理組織使用事業者から、電子情報処理組織を使用し、同項に規定する情報処理センターを経由して当該産業廃棄物の運搬又は処分が終了した旨を報告することを求められた同項に規定する運搬受託者及び処分受託者にあつては、この限りでない。

もちろん、マニフェストを交付しない排出事業者が罰則の適用対象になるのは当然です。しかしながら、「排出事業者がマニフェストを交付してくれないのだから、産業廃棄物だけを先に回収するしかない」と、漫然とサービスのつもりで、産業廃棄物の運搬をしてしまうと、上記のように、処理業者自体に悪いことをしたつもりがなくとも、処理業者が刑事罰の対象になる可能性があるのです。

処理業者の場合は、「罰金だけならそれを払ってしまえば終わり」と、事態を軽く考えるのは大変危険です。なぜなら、廃棄物処理法に基づく罰金は、廃棄物処理業の欠格要件に該当しますので、罰金刑が確定した段階で、自動的にその業者の許可はすべて取消されてしまうからです。

過去にやってしまったことを今さら取消しできませんが、罰金刑や業許可取消の対象にされてしまわないよう、今後の改善方針を早急にまとめ、行政・警察には、不祥事の再発を必ず防止するという姿勢を示すことが必要です。そのうえで、絶対に同じミスを起こさないよう、マニフェストの運用手順や罰則に関する知識を、会社全体で共有するようにしておきましょう！

マニフェストに関する罰則

　マニフェストの運用に関する罰則のみを抜粋します。

【廃棄物処理法 第27条の2】

　　　次の各号のいずれかに該当する者は、1年以下の懲役又は100万円以下の罰金に処する。

一　第12条の3第1項（第15条の4の7第2項において準用する場合を含む。以下この号において同じ。）の規定に違反して、管理票を交付せず、又は第12条の3第1項に規定する事項を記載せず、若しくは虚偽の記載をして管理票を交付した者

二　第12条の3第3項前段の規定に違反して、管理票の写しを送付せず、又は同項前段に規定する事項を記載せず、若しくは虚偽の記載をして管理票の写しを送付した者

三　第12条の3第3項後段の規定に違反して、管理票を回付しなかつた者

四　第12条の3第4項若しくは第5項又は第12条の5第6項の規定に違反して、管理票の写しを送付せず、又はこれらの規定に規定する事項を記載せず、若しくは虚偽の記載をして管理票の写しを送付した者

五　第12条の3第2項、第6項、第9項又は第10項の規定に違反して、管理票又はその写しを保存しなかつた者

六　第12条の4第1項の規定に違反して、虚偽の記載をして管理票を交付した者

七　第12条の4第2項の規定に違反して、産業廃棄物の引渡しを受けた者

八　第12条の4第3項又は第4項の規定に違反して、送付又は報告をした者

九　第12条の5第1項又は第2項（これらの規定を第15条の4の7第2項において準用する場合を含む。）の規定による登録をする場合において虚偽の登録をした者

十　第12条の5第3項又は第4項の規定に違反して、報告せず、又は虚偽の報告をした者

十一　第12条の6第3項の規定による命令に違反した者

廃棄物処理法第27条の2を因数分解

第27条の2	誰が	どんなことをしたら	どうなる
一	排出事業者 （中間処理業者を含む）	マニフェストを交付せず、またはマニフェストの法定記載事項を記載せず、もしくは虚偽の記載をしてマニフェストを交付	1年以下の懲役 または 100万円以下の罰金
二	収集運搬業者	運搬終了後に、マニフェストの写しを委託者に送付せず、またはマニフェストの法定記載事項を記載せず、もしくは虚偽の記載をしてマニフェストの写しを送付	
三	収集運搬業者	運搬終了後に、マニフェストを処分業者に回付しなかった	
四	処分業者	処分終了後に、マニフェストの写しを委託者に送付せず、またはマニフェストの法定記載事項を記載せず、もしくは虚偽の記載をしてマニフェストの写しを送付	
五	排出事業者、 収集運搬業者、処分業者	マニフェスト、またはマニフェストの写しを保存しなかった	
六	収集運搬業者、処分業者	産業廃棄物の処理を受託していないのに、虚偽の記載をしてマニフェストを交付	
七	収集運搬業者、処分業者	委託者よりマニフェストが交付されていないのに、産業廃棄物の引渡しを受けた（電子マニフェストを使用する場合を除く）	
八	収集運搬業者、処分業者	産業廃棄物の処理が終了していないのに、委託者にマニフェストの写しを送付、または情報処理センターに報告をした	
九	排出事業者 （中間処理業者を含む）	電子マニフェストに関し虚偽の情報を情報処理センターに登録	
十	収集運搬業者、処分業者	処理終了後に、情報処理センターに報告せず、または虚偽の報告、	
十一	排出事業者、 収集運搬業者、処分業者	マニフェストの不適切な使用に関する勧告・公表を受け、勧告された措置を取らないために措置命令を受けたが、措置命令にも違反	

委託者と受託者という当事者ごとに違反してはならない罰則をまとめると、次のようになります。

すべての関係者に共通する罰則		
①マニフェスト、またはマニフェストの写しを保存しなかった（第27条の2第五号） ②マニフェストの不適切な使用に関する勧告・公表を受け、勧告された措置を取らないために措置命令を受けたが、措置命令にも違反（第27条の2第十一号）		
委託者（排出事業者 【中間処理業者を含む】）	受託者（収集運搬業者と処分業者）に共通する罰則	
●マニフェストを交付せず、またはマニフェストの法定記載事項を記載せず、もしくは虚偽の記載をしてマニフェストを交付（第27条の2第一号） ●電子マニフェストに関し虚偽の情報を情報処理センターに登録（第27条の2第九号）	●産業廃棄物の処理を受託していないのに、虚偽の記載をしてマニフェストを交付（第27条の2第六号） ●委託者よりマニフェストが交付されていないのに、産業廃棄物の引渡しを受けた（電子マニフェストを使用する場合を除く）（第27条の2第七号） ●産業廃棄物の処理が終了していないのに、委託者にマニフェストの写しを送付、または情報処理センターに報告をした（第27条の2第八号） ●処理終了後に、情報処理センターに報告せず、または虚偽の報告、（第27条の2第十号）	
	受託者（収集運搬業者）	受託者（処分業者）
	●運搬終了後に、マニフェストの写しを委託者に送付せず、またはマニフェストの法定記載事項を記載せず、もしくは虚偽の記載をしてマニフェストの写しを送付（第27条の2第二号） ●運搬終了後に、マニフェストを処分業者に回付しなかった（第27条の2第三号）	●処分終了後に、マニフェストの写しを委託者に送付せず、またはマニフェストの法定記載事項を記載せず、もしくは虚偽の記載をしてマニフェストの写しを送付（第27条の2第四号）

マニフェストに関する罰則から、各当事者が留意するべき実務的なポイントをまとめると、次のようになります。

1.委託者（排出事業者と二次マニフェスト交付時の中間処理業者）
　①法定記載事項を満たしたマニフェストを適切に交付すること
　②マニフェストは交付後、あるいは返送後5年間保存すること
2.収集運搬業者
　①マニフェストが交付されていない産業廃棄物の運搬を引き受けないこと
　②マニフェストに虚偽の記載をしないこと

③運搬先にマニフェストを適切に回付すること
　　　④運搬終了後10日以内に、委託者にマニフェストの写しを返送すること
　　　⑤マニフェストの写しを5年間保存すること
　３.処分業者
　　　①マニフェストが交付されていない産業廃棄物の処分を引き受けないこと
　　　②マニフェストに虚偽の記載をしないこと
　　　③処分終了後10日以内に、委託者及び収集運搬業者にマニフェストの写しを返送すること
　　　④マニフェストの写しを5年間保存すること

　廃棄物処理法で定められた手順と方法でマニフェストを運用すれば、マニフェストに関する罰則を恐れる必要は一切ありません。
　しかし、実際には、排出事業者と処理業者の双方で、間違った解釈に基づき、日々違法なマニフェストの運用が繰り返されていることが多いものです。

マニフェストの運用に関してよくある誤解

 廃棄物の「数量」は、中間処理業者が記載するべきものなので、委託者（排出事業者）の時点では、空欄のままでよい？

　「数量」欄は委託者が記載するべき事項になりますので、それを空欄のまま交付するということは、マニフェストの不適切な運用となります。
実際のところは、正確な重量を計る検量設備を有する委託者はほとんどいないため、マニフェストの「数量」欄を空白のまま交付し、中間処理業者のところで重量を記載するという運用が多いものと思われますが、違法は違法です。
　ただし、だからといって、排出事業者が検量設備を導入する必要はありません。マニフェストに書くべきなのは「数量」なのであって、「重量」ではないからです。「重量」の他にも、「●●㎥」といった「体積」や、「コンテナ1台分」といった「個数」でも構わないのです。委託する産業廃棄物の量を特定できる単位であれば、委託者が自由に単位を選択して記載することが可能です。

Q2 中間処理業者のところに産業廃棄物が搬入された時点で、中間処理と最終処分が終わったものとして、D票とE票をその場で収集運搬業者に渡すのは合法?

　多くの中間処理業者が実際に運用している方法ですが、中間処理が終わっていないのに、最終処分まで終わったとしてD票とE票に処理終了年月日を記載するのは、マニフェストの虚偽記載に該当します。

　個別の排出事業者ごとに、それぞれの廃棄物の処理終了年月日を把握するのは非常に困難なことも事実ですが、だからといって、搬入された段階で最終処分まで完了したと、マニフェストに嘘の日付を記入しても良いわけではありません。

　少なくとも、中間処理業者は個別の排出事業者ごとの廃棄物の「重量」は把握していることがほとんどですから、その日に「搬入された廃棄物の量」と、「実際に処理した廃棄物の量」とを照らし合わせれば、ある程度の範囲内で、排出事業者ごとに処理終了年月日を把握することは可能です。

　「正確な処理終了年月日がわからないから虚偽記載もやむなし」ではなく、マニフェストの運用目的をよく考え、後日、行政や警察から追及されたときに説得力を持った抗弁ができるように、廃棄物処理のルールを明確にしておくことが重要です。

マニフェストの法定記載事項

【廃棄物処理法 施行規則 第8条の21 第1項】(管理票の記載事項)
　法第12条の3第1項の環境省令で定める事項は、次のとおりとする。
一　管理票の交付年月日及び交付番号
二　氏名又は名称及び住所
三　産業廃棄物を排出した事業場の名称及び所在地
四　管理票の交付を担当した者の氏名
五　運搬又は処分を受託した者の住所
六　運搬先の事業場の名称及び所在地並びに運搬を受託した者が産業廃棄物の積替え又は保管を行う場合には、当該積替え又は保管を行う場所の所在地
七　産業廃棄物の荷姿
八　当該産業廃棄物に係る最終処分を行う場所の所在地
九　中間処理業者 (次号に規定する場合を除く。) にあつては、交付又は回付された当該産業廃棄物に係る管理票を交付した者の氏名又は名称及び管理票の交付番号

十　中間処理業者（当該産業廃棄物に係る処分を委託した者が電子情報処理組織使用事業者である場合に限る。）にあつては、当該産業廃棄物に係る処分を委託した者の氏名又は名称及び第8条の31の2第三号に規定する登録番号
十一　当該産業廃棄物に石綿含有産業廃棄物が含まれる場合は、その数量

社団法人全国産業廃棄物協会発行のマニフェスト用紙を元に、法定記載事項等の具体的な記載方法を解説します。

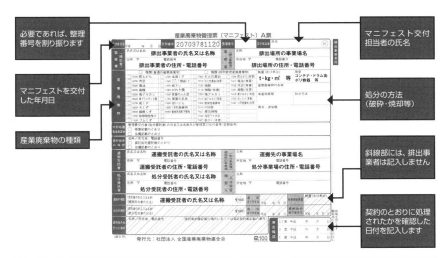

①交付年月日	マニフェストを交付する実際の日付	⑩産業廃棄物の名称	任意の記載事項ですが、「使用済みOA機器」などの産業廃棄物の状態を一言で表すキーワードを書いておきましょう
②交付番号	市販のマニフェストの場合は、最初から印字されています	⑪有害物質等	産業廃棄物に有害物質が含まれている場合はその内容を、含まれていない場合は欄に斜線をひいておきましょう
③整理番号	法定記載事項ではないが、必要であれば、任意の整理番号を記載しても良い	⑫処分方法	中間処理（最終処分を委託する場合は最終処分）の具体的な方法を記載
④交付担当者の氏名	マニフェストの交付をした排出事業者担当者の氏名	⑬中間処理産業廃棄物	二次マニフェストを交付する際のみ記載
⑤事業者（排出者）	排出事業者の名称、住所、電話番号などを記載	⑭最終処分の場所	最終処分した場所を中間処理業者が記載
⑥事業場（排出事業場）	実際に廃棄物が排出された場所の名称や所在地などを記載。事業者（排出者）欄の記載と同様である場合は、「同左」で可	⑮運搬受託者	収集運搬業者の名称や住所を記載
⑦産業廃棄物	委託する産業廃棄物の具体的な種類にチェックを入れる	⑯運搬先の事業場（処分事業場）	運搬先の処理業者（通常は中間処理業者）の事業場の名称や所在地を記載
⑧数量	産業廃棄物の重量や体積、個数など、委託する産業廃棄物を特定するに足る単位を記載	⑰処分受託者	処分業者の名称や所在地を記載
⑨荷姿	「ドラム缶」や「フレキシブルコンテナ」等、産業廃棄物を引き渡す際の荷姿を記載	⑱積替え又は保管	積替え保管を委託する場合のみ記載

産業廃棄物引き渡し終了時点のマニフェストの状態

排出事業者	収集運搬業者	中間処理業者	最終処分業者

E

D

C2

C1

B2

B1

A

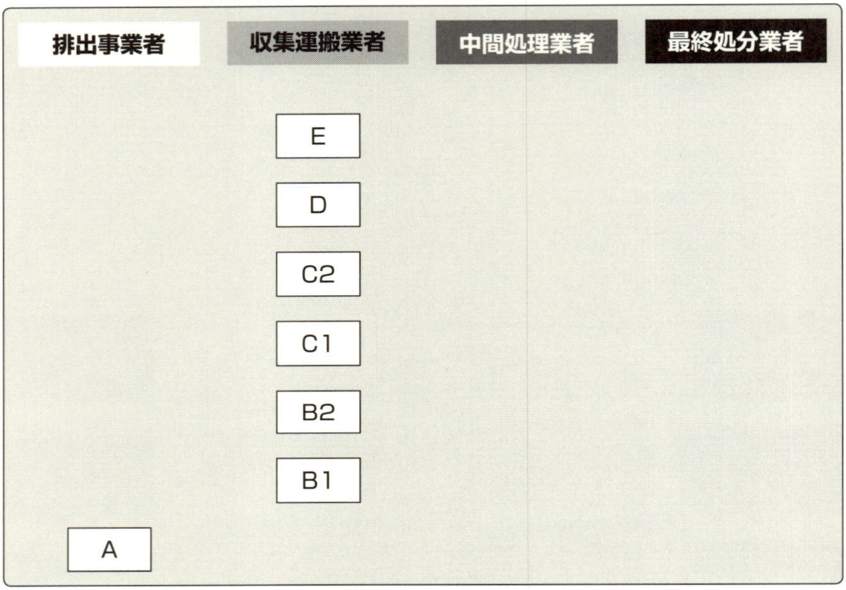

中間処理業者への運搬終了時点のマニフェストの状態

排出事業者	収集運搬業者	中間処理業者	最終処分業者

E

D

C2

C1

B2

B1

A

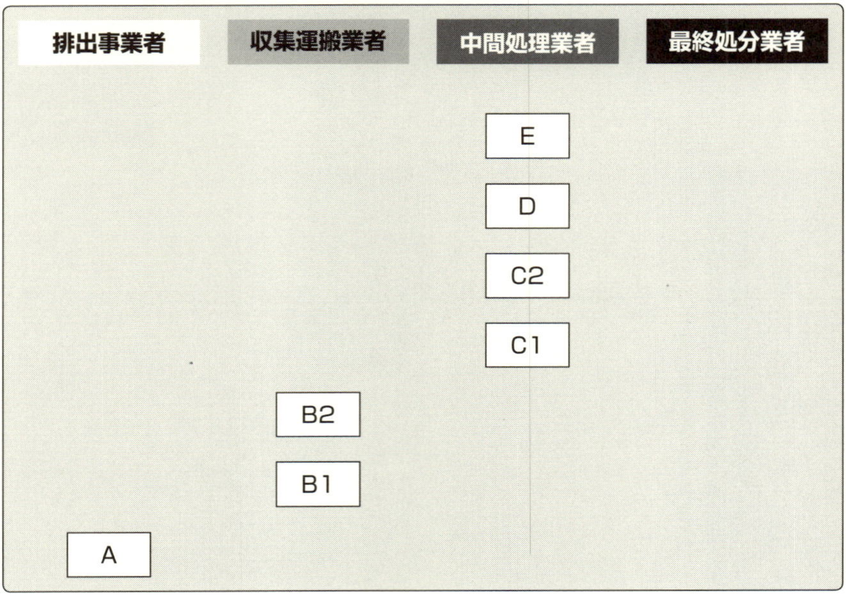

運搬終了報告

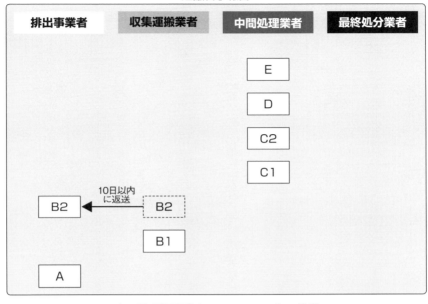

中間処理終了時点のマニフェストの状態

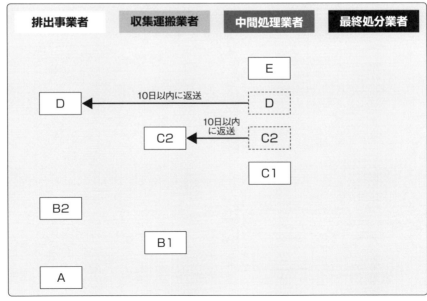

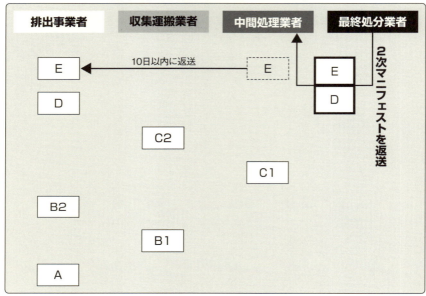

最終処分終了報告時のマニフェストの状態

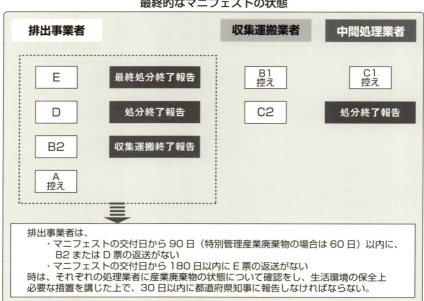

最終的なマニフェストの状態

マニフェストの運用に関する措置命令違反に対する罰則

　既に取り上げたとおり、廃棄物処理法第27条の2第十一号では、マニフェストの運用に関する措置命令違反に対する罰則が規定されています。

【廃棄物処理法 第27条の2】
　次の各号のいずれかに該当する者は、1年以下の懲役又は100万円以下の罰金に処する。
一〜十　略
十一　第12条の6第3項の規定による命令に違反した者

《勧告及び命令》【第12条の6】
　都道府県知事は、第12条の3第1項に規定する事業者、運搬受託者又は処分受託者（以下この条において「事業者等」という。）が第12条の3第1項から第10項まで、第12条の4第2項から第4項まで又は前条第1項から第3項まで、第5項、第6項及び第10項の規定を遵守していないと認めるときは、これらの者に対し、産業廃棄物の適正な処理に関し必要な措置を講ずべき旨の勧告をすることができる。
2　都道府県知事は、前項に規定する勧告を受けた事業者等がその勧告に従わなかつたときは、その旨を公表することができる。
3　都道府県知事は、第1項に規定する勧告を受けた事業者等が、前項の規定によりその勧告に従わなかつた旨を公表された後において、なお、正当な理由がなくてその勧告に係る措置をとらなかつたときは、当該事業者等に対し、その勧告に係る措置をとるべきことを命ずることができる。

　マニフェストの虚偽記載などは、それだけで直接刑事罰の対象となる法律違反ですが、行政が是正勧告や措置命令をする規定もあります。

　マニフェストに関しては、委託基準違反のようにいきなり措置命令をかけるのではなく、「是正勧告」→「勧告に従わなかったために公表」→「公表後も勧告の措置を取らなかった」→「措置命令の発令」という、措置命令の発令までに、複数の段階を経ることになっています。

　どんな場合にいきなり刑事罰の適用対象とするのか、それとも是正勧告をかけてからじっくりと対応するのかなどを、明確に定めた基準などはありません。違反の悪質性や、是正の緊急度などを元に、行政や警察がケースバイケースで判断しているのが現

実です。

　マニフェストに関する義務違反の中には、いきなりは刑事罰の適用対象にならないものがあります。ただし、それらの違反も、措置命令まで発令されてしまうと、最終的にはすべて刑事罰の適用対象となり得ます。

　そのため、「直罰の対象ではないから、マニフェストの交付実績報告などは毎年提出する必要がない」ではなく、廃棄物処理法で定められた義務に基づき、行政から是正勧告を受ける前に、自ら対応していくことが大切です。

マニフェストの運用違反に関する措置命令の発令フロー

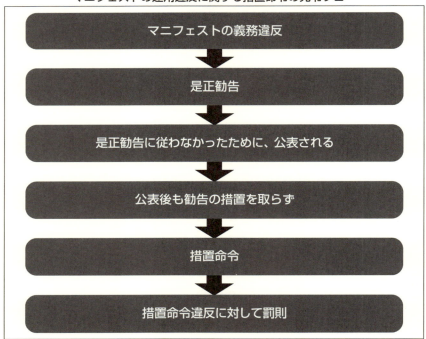

マニフェストの義務違反に対する直罰と措置命令の適用関係

法	具体的な違反	罰則	措置命令
第12条の3第1項	マニフェストの不交付、法定記載事項の不記載または虚偽記載	○	○

法	具体的な違反	罰則	措置命令
第12条の3 第2項、第6項、 第9項、第10項	マニフェスト、またはマニフェストの写しを保存しなかった	○	○
第12条の3 第3項	運搬終了後に、マニフェストの写しを委託者に不送付、法定記載事項の不記載または虚偽記載をしてマニフェストの写しを送付 マニフェストを処分業者に不回付	○	○
第12条の3 第4項、第5項、 第12条の5 第5項	処分終了後に、マニフェストの写しを委託者に不送付、法定記載事項を不記載または虚偽記載をしてマニフェストの写しを送付	○	○
第12条の3 第7項	マニフェスト交付実績報告書の不提出		○
第12条の3 第8項	マニフェストの写しが返送されてこない場合等に、委託先での処理状況を把握せず、また適切な措置を取らなかった		○
第12条の4 第1項	産業廃棄物の処理を受託していないのに、虚偽の記載をしてマニフェストを交付	○	
第12条の4 第2項	委託者よりマニフェストが交付されていないのに、産業廃棄物の引渡しを受けた（電子マニフェストを使用する場合を除く）	○	○
第12条の4 第3項	産業廃棄物の処理が終了していないのに、委託者にマニフェストの写しを送付、または情報処理センターに報告	○	○
第12条の5 第1項	電子マニフェストに関し虚偽の情報を情報処理センターに登録	○	○
第12条の5 第2項、第3項	処理終了後に、情報処理センターに報告せず、または虚偽の報告	○	○
第12条の5 第6項	電子マニフェストを使用する委託者が、処理終了通知を受け取った後に、処理終了を不確認		○
第12条の5 第10項	電子マニフェストを使用する委託者が、所定の期間内に委託先から処理終了報告を受けていない場合等に、委託先での処理状況を把握せず、また適切な措置を取らなかった		○
第12条の6 第3項	マニフェストの不適切な使用に関する勧告・公表を受け、勧告された措置を取らないために措置命令を受けたが、措置命令にも違反	○	

第3章　罰則の取扱い説明書 3【マニフェストに関する罰則】

第3章

■発生頻度 ★★☆☆☆　■罰則の重さ ★★★★★

4　許可業者への委託義務

事例から学ぶ　罰則への対処法（委託契約書）

：製造事業者の廃棄物管理担当課長B氏（再登場）

またまた行政庁から呼び出しをくらいましてね…今度は、「無許可業者へ処理委託をしていた疑いがあるので、警察が本社に家宅捜索をするかもしれないぞ」と、行政の担当者から非常に強い言葉で叱られたんですよ。

無許可業者への委託が悪いことであるのは、私もよく知っていますので、委託先業者の選定の際には、その業者の処理業の許可証を必ず確認するようにしてたんですよ！

今回行政庁から呼び出しを受けたのは「海千山千商事」っていう処理業者が原因だったんですけど、「海千山千商事」は無許可業者ではなくて、廃棄物処理業の許可を持つれっきとした許可業者なんです。私も、「海千山千商事」の中間処理業の許可証をちゃんと確認し、許可業者であることを把握したうえで、委託契約書も交わして処理委託していたんです。それなのに、行政庁の担当者が言うには、「貴社は、海千山千商事が許可を受けていない『木くず』の委託をしていたではないか。海千山千商事が木くずの許可を持っていないのは、許可証を見ればすぐわかったはずだ。だから、貴社が委託した木くずについては、無許可業者に委託したのと同様の重大な法律違反になる」とのことでした。

許可証のそんな細かいところまで委託者が把握しなくちゃいけないなんて、廃棄物処理法という法律が悪いんですよ。だいたい、業者を取り締まるのは行政の責任でしょうが！

A：許可を持っていない種類の産業廃棄物を積極的に引き受けた処理業者が悪いのは事実ですが、やはり、委託者が業者の許可証の内容をよく確認しさえすれば防げたミスですね。

無許可業者への委託は重大な違反になります

　違法営業が横行している責任を行政に押し付けたくなる気持ちもわからなくはないですが、無許可業者への処理委託は、不法投棄と同様に、廃棄物処理法上最も重い罰則が科されることを理解しておく必要があります。

　厳しい言い方かもしれませんが、中間処理業の許可があれば、どんな産業廃棄物でも中間処理できるというわけではなく、許可証の中にしっかりと扱える産業廃棄物の種類が具体的に書かれています。そこまで確認してこそ、ようやく適切な処理委託となります。

　また、最近では本当は無許可業者であるにもかかわらず、許可証のコピーを偽造することで、許可業者のように装う事件が発生するようになりました。委託者としては、許可証の内容を確認するのは当然として、現地確認の実行や行政が公開する許可情報などを参照する必要性が高まっています。

【廃棄物処理法 第25条】
　次の各号のいずれかに該当する者は、5年以下の懲役若しくは1,000万円以下の罰金に処し、またはこれを併科する。
　一〜五　略
　六　第六条の2第6項、第12条第5項または第12条の2第5項の規定に違反して、一般廃棄物または産業廃棄物の処理を他人に委託した者
　七　第7条の5、第十四条の3の3または第14条の7の規定に違反して、他人に一般廃棄物または産業廃棄物の収集若しくは運搬または処分を業として行わせた者
　八〜十二　略
　十三　第14条第15項または第14条の4第15項の規定に違反して、産業廃棄物の処理を受託した者
　十四〜十六　略

　無許可業者に処理委託をすると、それだけで「5年以下の懲役または1000万円以下の罰金」という、廃棄物処理法でもっとも重い罰則の対象となってしまいます。

　無許可業者への委託が行政・警察に発覚すると、非常に厳しく事情聴取を受けることになり、場合によっては、警察が会社の本社に家宅捜索を行うようなケースもありま

廃棄物処理法第25条を因数分解

第25条	誰が	どんなことをしたら	どうなる
六	排出事業者 （中間処理業者を含む）	廃棄物処理業者等適切な委託先以外に、廃棄物処理を委託	5年以下の懲役 もしくは 1,000万円以下の 罰金
七	収集運搬業者、処分業者	自己の名義で、他者に廃棄物処理業を行わせた（名義貸し）	
十三	無許可業者	廃棄物処理業の許可を持たないのに、廃棄物処理の委託を受けた	

す。

　処理業者との新規取引を検討する際には、許可証に関するチェックは当然のこととして、「処理状況確認（現地確認）」を実行する他、企業HPや行政が公開している許可情報など、複数の情報源から委託先の情報を収集し、慎重に判断を行いたいところです。

　廃棄物処理企業の場合は、他人に対して安易に名義貸しをしないことも重要です。

　他人に自己の名義を使用させ廃棄物処理事業を行わせると、他人が勝手にした違法行為の責任まで背負わなければならなくなります。リスクとリターンを考えると、名義貸しは、ハイリスク"ノー"リターンと言えますので、絶対にやらないようにしましょう。

　産業廃棄物の処理委託の際に、必ずチェックしておきたい許可証のポイントを次のページに示しておきます。

許可証のチェックポイント（収集運搬を委託する場合）

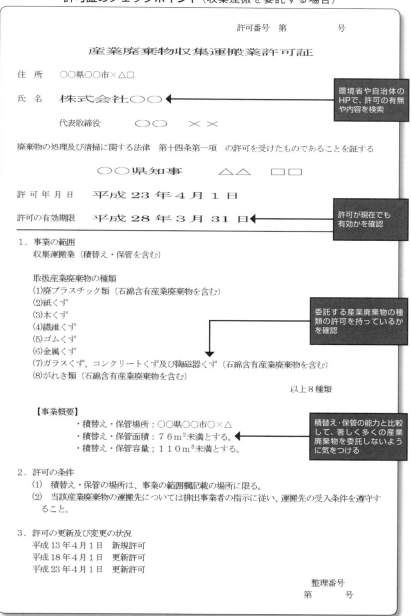

許可証のチェックポイント（中間処理を委託する場合）

許可番号　第***********号

産業廃棄物処分業許可証

住　所　　○○県○○市×△□

氏　名　　**株式会社○○**

　　　　代表取締役　　　○○　　　××　◀── 環境省や自治体のHPで、許可の有無や内容を検索

廃棄物の処理及び清掃に関する法律　第十四条第六項　の許可を受けたものであることを証する

　　　　　　○○県知事　　　△△　　□□　印

許可年月日　　**平成 23 年 4 月 1 日**

許可の有効期限　　**平成 28 年 3 月 31 日** ◀── 許可が現在でも有効かを確認

1．事業の範囲
　　事業の区分：中間処理（破砕）

　　取扱産業廃棄物の種類
　　(1)廃プラスチック類（石綿含有産業廃棄物を含まない）
　　(2)紙くず
　　(3)木くず　◀── 委託する産業廃棄物の種類の許可を持っているかを確認　汚泥（無機性汚泥に限る。）といった、特定の種類に限定されている場合があるので、注意が必要
　　(4)繊維くず
　　(5)ゴムくず
　　(6)金属くず
　　(7)ガラスくず、コンクリートくず及び陶磁器くず（石綿含有産業廃棄物を含まない）
　　(8)がれき類（石綿含有産業廃棄物を含まない）

　　　　　　　　　　　　　　　　　　　　　　以上8種類

2．事業の用に供する施設
　　破砕施設
　　　設置場所　：○○県○○市○×△
　　　設置年月日：平成13年4月1日
　　　処理能力　：20ｔ／日　◀── 処理能力を精査し、委託する数量を受入れる余力があるかを確認　施設を一度見学し、どんな処理をしているのかを実際に把握しておくと良いでしょう
　　　許可年月日：平成13年4月1日
　　　許可番号　：第○○○○号

3．許可の条件
　　　なし　◀── 許可に条件がつけられている場合は、その条件をよく確認し、委託することが適当かどうかをよく検討

4．許可の更新及び変更の状況
　　平成13年4月1日　新規許可
　　平成18年4月1日　更新許可
　　平成23年4月1日　更新許可

産業廃棄物の委託基準は、

①産業廃棄物処理業者等への委託　　②委託契約は書面で行うこと

の2点です。その他、産業廃棄物の場合は、マニフェスト（産業廃棄物管理票）の運用も必要でしたね。

しかし、事業者が一般廃棄物の処理を委託する場合は

【廃棄物処理法 施行令 第4条の4】

　法第6条の2第7項の政令で定める基準は、次のとおりとする。

　一　他人の一般廃棄物の運搬又は処分若しくは再生を業として行うことができる者であつて、委託しようとする一般廃棄物の運搬又は処分若しくは再生がその事業の範囲に含まれるものに委託すること。

だけですので、委託契約書の作成や、マニフェストの運用は必要ありません。

　ただし、特別管理一般廃棄物に関しては、

【廃棄物処理法 施行令 第4条の4】

　二　特別管理一般廃棄物の運搬又は処分若しくは再生にあつては、その運搬又は処分若しくは再生を委託しようとする者に対し、あらかじめ、当該委託しようとする特別管理一般廃棄物の種類、数量、性状その他の環境省令で定める事項を文書で通知すること。

↓

【廃棄物処理法 施行規則 第1条の19】

　令第4条の4第二号　の環境省令で定める事項は、次のとおりとする。

　一　委託しようとする特別管理一般廃棄物の種類、数量、性状及び荷姿

　二　当該特別管理一般廃棄物を取り扱う際に注意すべき事項

と、事前に、委託する特別管理一般廃棄物の情報を文書で提供することが義務付けられています。

　一般廃棄物と産業廃棄物ともに、委託相手が法律的に適切な委託先かどうかを判断することが非常に重要と言えます。

　一般廃棄物と産業廃棄物という廃棄物の種類ごとに、適切に委託できる相手をまと

めると、次のようになります。(すべての相手を正確に表現すると膨大なページが必要
になりますので、委託先の正確な定義を知りたい場合は、廃棄物処理法施行規則の該
当部分をご参照ください)

一般廃棄物の運搬を委託できる相手
(廃棄物処理法第6条の2第6項、廃棄物処理法施行規則第1条の17から抜粋)

(1) 一般廃棄物収集運搬業者

(2) 専ら再生利用の目的となる一般廃棄物のみの収集または運搬を業として行う者

(3) 市町村の委託を受けて一般廃棄物の収集または運搬を業として行う者

(4) 再生利用されることが確実であると市町村長が認めた一般廃棄物のみの収集または運搬を業と
して行う者で、市町村長の指定を受けたもの

(5) 「広域収集運搬一般廃棄物」を適正に収集または運搬することが確実であるとして環境大臣の
指定を受けた者(広域収集運搬一般廃棄物のみの収集または運搬を営利を目的とせず業として
行う場合に限る。)

(6) 国

(7) 一般廃棄物の輸出に係る運搬を行う者(自ら日本から輸出の相手国までの運搬を行う場合に限る。)

(8) 家電リサイクル法の対象品目の再商品化に必要な行為を業として実施する者で環境大臣の指定
を受けた者

(9) 再生利用の目的となる廃タイヤを適正に収集または運搬する者

(10) ユニット形エアコン、ブラウン管TV、液晶TV、プラズマTV、冷蔵庫及び冷凍庫、洗濯機、衣
類乾燥機、スプリングマットレス、自動車用タイヤまたは自動車用鉛蓄電池の販売を業として
行う者で、業を行う区域において、その物品またはその物品と同種のものが一般廃棄物となっ
たものを、適正に収集または運搬するもの

(11) 引越荷物を運送する業務を行う者で、一般廃棄物処理基準に従い、転居する者が転居の際に排
出する一般廃棄物のみの収集または運搬を、営利を目的とせず業として行う者

(12) 廃牛脊柱を適正に収集または運搬する者(一般廃棄物処理基準に従い、当該廃牛脊柱のみの収
集または運搬を業として行う場合に限る。)

(13) 特別管理産業廃棄物収集運搬業者(注:運搬できる特別管理一般廃棄物には限定あり。詳細は
施行規則第10条の20第2項を参照のこと)

(14) 海洋汚染防止法の許可を受けて廃油処理事業を行う者、または国土交通大臣に届出をして廃油
処理事業を行う港湾管理者、もしくは漁港管理者(廃油の収集または運搬を行う場合に限る。)

(15) 特別管理産業廃棄物の輸入にかかる運搬を行う者(自ら輸入の相手国から日本までの運搬を行
う場合に限る。)

(16) 特別管理産業廃棄物の輸出に係る運搬を行う者(自ら日本から輸出の相手国までの運搬を行う
場合に限る。)

(17) 廃棄物処理法第19条の8第1項に基づく行政代執行の際に、環境大臣または都道府県知事の委

託を受けて、特別管理産業廃棄物のみの収集または運搬を行う者

⒅ 特別管理産業廃棄物の広域認定を受け、認定に係る収集または運搬を業として行う者

⒆ 法第9条の8第1項の認定（再生利用認定）を受けた者（当該認定に係る一般廃棄物の当該認定に係る運搬を行う場合に限る。）

⒇ 法第9条の9第1項の認定（一般廃棄物の広域認定）を受けた者（当該認定に係る一般廃棄物の当該認定に係る運搬を行う場合に限る。）

(21) 法第9条の10第1項の認定（一般廃棄物の無害化処理認定）を受けた者（当該認定に係る一般廃棄物の当該認定に係る運搬を行う場合に限る。）

(22) 食品リサイクル法第21条第2項に規定する者（認定計画に基づいて行う再生利用事業に利用する食品循環資源の運搬を行う場合に限る。）

このように、一般廃棄物の収集運搬を委託する場合は、非常にたくさんの委託先が法律で規定されていますが、実務的には、「一般廃棄物収集運搬業者」か「市町村からの委託を受けて収集運搬を行う事業者」の2者が委託先の中心となっています。

一般廃棄物の処分を委託できる相手
（廃棄物処理法第6条の2第6項、廃棄物処理法施行規則第1条の18から抜粋）

⑴ 一般廃棄物処分業者

⑵ 専ら再生利用の目的となる一般廃棄物のみの処分を業として行う者

⑶ 市町村の委託を受けて一般廃棄物の処分を業として行う者

⑷ 再生利用されることが確実であると市町村長が認めた一般廃棄物のみの処分を業として行う者であつて市町村長の指定を受けたもの

⑸ 「広域処分一般廃棄物を適正に処分することが確実であるとして環境大臣の指定を受けた者（広域処分一般廃棄物のみの処分を営利を目的とせず業として行う場合に限る。）

⑹ 国

⑺ 再生利用の目的となる廃タイヤを適正に処分する者

⑻ 廃牛脊柱を適正に処分する者

⑼ 海洋汚染防止法の許可を受けて廃油処理事業を行う者、または国土交通大臣に届出をして廃油処理事業を行う港湾管理者、もしくは漁港管理者（廃油の処分を行う場合に限る。）

⑽ 廃棄物処理法第19条の8第1項に基づく行政代執行の際に、環境大臣または都道府県知事の委託を受けて、委託に係る特別管理産業廃棄物のみの処分を行う者

⑾ 産業廃棄物の広域認定を受け、認定に係る特別管理産業廃棄物の処分を業として行う者

⑿ 特別管理産業廃棄物処分業者（注：処分できる特別管理一般廃棄物には限定あり詳細は施行規則第10条の20第2項を参照のこと）

⒀ 法第9条の8第1項の認定（一般廃棄物の再生利用認定）を受けた者（当該認定に係る一般廃棄物の当該認定に係る処分を行う場合に限る。）

⒁ 法第9条の9第1項の認定（一般廃棄物の広域認定）を受けた者（当該認定に係る一般廃棄物の当該認定に係る処分を行う場合に限る。）

⒂ 法第9条の10第1項の認定（一般廃棄物の無害化処理認定）を受けた者（当該認定に係る一般廃棄物の当該認定に係る処分を行う場合に限る。）

　感染性一般廃棄物については、感染性産業廃棄物と一緒に、感染性産業廃棄物の処理を行う業者に委託しても良い、というのが実務的なポイントです。

　産業廃棄物の収集運搬を委託できる相手についても非常に膨大な数があります。以下、委託先として適法な相手方をすべて列挙してありますので、必要が無い方についてはこのページを読み飛ばしていただいて構いません。

産業廃棄物の運搬を委託できる相手
（廃棄物処理法第12条第5項、廃棄物処理法施行規則第8条の2の8から抜粋）

⑴ 産業廃棄物収集運搬業者

⑵ 市町村または都道府県

⑶ 専ら再生利用の目的となる産業廃棄物のみの収集または運搬を業として行う者

⑷ 海洋汚染防止法の許可を受けて廃油処理事業を行う者、または国土交通大臣に届出をして廃油処理事業を行う港湾管理者、もしくは漁港管理者（廃油の収集または運搬を行う場合に限る。）

⑸ 再生利用されることが確実であると都道府県知事が認めた産業廃棄物のみの収集又は運搬を業として行う者、都道府県知事の指定を受けたもの

⑹ 環境大臣が定めた特定の産業廃棄物を、環境大臣の指定を受けて収集運搬する者（当該産業廃棄物のみの収集運搬を非営利で業として行う場合限定）

⑺ 国

⑻ 広域臨海環境整備センター法に基づいて設立された広域臨海環境整備センター（産業廃棄物の収集又は運搬を行う場合に限る。）

⑼ 日本下水道事業団（産業廃棄物の収集又は運搬を行う場合に限る。）

⑽ 産業廃棄物の輸入に係る運搬を行う者（自ら輸入の相手国から日本までの運搬を行う場合に限る。）

⑾ 産業廃棄物の輸出に係る運搬を行う者（自ら日本から輸出の相手国までの運搬を行う場合に限る。）

⑿ 食料品製造業において原料として使用した動物に係る固形状の不要物（事業活動に伴って生じた牛の脊柱）のみの収集又は運搬を業として行う者

⒀と畜場においてとさつし、又は解体した獣畜及び食鳥に係る固形状の不要物（事業活動に伴つて生じたもの限定）のみの収集又は運搬を業として行う者

⒁動物の死体（事業活動に伴つて生じた畜産農業に係る牛の死体）のみの収集又は運搬を業として行う者

⒂廃棄物処理法第19条の8第1項に基づく行政代執行の際に、環境大臣または都道府県知事の委託を受けて、委託に係る産業廃棄物のみの収集または運搬を行う者

⒃法第15条の4の2第1項の認定（産業廃棄物の再生利用認定）を受けた者（当該認定に係る産業廃棄物の運搬を行う場合に限る。）

⒄法第15条の4の3第1項の認定（産業廃棄物の広域認定）を受けた者（当該認定に係る産業廃棄物の当該認定に係る運搬を行う場合に限る。）

⒅法第15条の4の4第1項の認定（産業廃棄物の無害化処理認定）を受けた者（当該認定に係る産業廃棄物の運搬を行う場合に限る。）

産業廃棄物の処分を委託できる相手
（廃棄物処理法第12条第5項、廃棄物処理法施行規則第8条の3から抜粋）

(1) 産業廃棄物処分業者

(2) 市町村又は都道府県

(3) 専ら再生利用の目的となる産業廃棄物のみの処分を業として行う者

(4) 海洋汚染防止法の許可を受けて廃油処理事業を行う者、または国土交通大臣に届出をして廃油処理事業を行う港湾管理者、もしくは漁港管理者（廃油の処分を行う場合に限る。）

(5) 国

(6) 広域臨海環境整備センター法に基づいて設立された広域臨海環境整備センター（産業廃棄物の処分を行う場合に限る。）

(7) 日本下水道事業団（産業廃棄物の処分を行う場合に限る。）

(8) 動物の死体の処分を業として行う者（化製場において処分を行う場合に限る。）

(9) 廃棄物処理法第19条の8第1項に基づく行政代執行の際に、環境大臣または都道府県知事の委託を受けて、委託に係る産業廃棄物のみの処分を行う者

⑽法第15条の4の2第1項の認定（産業廃棄物の再生利用認定）を受けた者（当該認定に係る産業廃棄物の処分を行う場合に限る。）

⑾法第15条の4の3第1項の認定（産業廃棄物の広域認定）を受けた者（当該認定に係る産業廃棄物の処分を行う場合に限る。）

⑿法第15条の4の4第1項の認定（産業廃棄物の無害化処理認定）を受けた者（当該認定に係る産業廃棄物の処分を行う場合に限る。）

産業廃棄物の処理委託の場合は、産業廃棄物処理業者が委託先の中心となっている

と思いますが、近年は、環境大臣から広域認定を受けて、製造事業者自らが自社製品のリサイクルをするケースが増えています。環境大臣から広域認定を受けると、産業廃棄物処理業の許可を受けずとも、産業廃棄物処理を他社から受託できるようになります。

　特別管理産業廃棄物の処理を委託できる相手は、産業廃棄物よりも少なくなっています。

特別管理産業廃棄物の運搬を委託できる相手
（廃棄物処理法第12条の2第5項、廃棄物処理法施行規則第8条の14から抜粋）

(1) 特別管理産業廃棄物収集運搬業者

(2) 市町村または都道府県

(3) 海洋汚染防止法の許可を受けて廃油処理事業を行う者、または国土交通大臣に届出をして廃油処理事業を行う港湾管理者、もしくは漁港管理者（廃油の収集または運搬を行う場合に限る。）

(4) 国

(5) 特別管理産業廃棄物の輸入に係る運搬を行う者（自ら輸入の相手国から日本までの運搬を行う場合に限る。）

(6) 特別管理産業廃棄物の輸出に係る運搬を行う者（自ら日本から輸出の相手国までの運搬を行う場合に限る。）

(7) 廃棄物処理法第19条の8第1項に基づく行政代執行の際に、環境大臣または都道府県知事の委託を受けて、委託に係る特別管理産業廃棄物のみの収集または運搬を行う者

(8) 法第15条の4の3第1項の認定（産業廃棄物の広域認定）を受けた者（当該認定に係る特別管理産業廃棄物の当該認定に係る運搬を行う場合に限る。）

(9) 法第15条の4の4第1項の認定（産業廃棄物の無害化処理認定）を受けた者（当該認定に係る特別管理産業廃棄物の運搬を行う場合に限る。）

特別管理産業廃棄物の処分を委託できる者
（廃棄物処理法第12条の2第5項、廃棄物処理法施行規則第8条の15から抜粋）

(1) 特別管理産業廃棄物処分業者

(2) 市町村又は都道府県（特別管理産業廃棄物の処分をその事務として行う場合に限る。）

(3) 海洋汚染防止法の許可を受けて廃油処理事業を行う者、または国土交通大臣に届出をして廃油処理事業を行う港湾管理者、もしくは漁港管理者（廃油の処分を行う場合に限る。）

(4) 国（特別管理産業廃棄物の処分をその業務として行う場合に限る。）

(5) 廃棄物処理法第19条の8第1項に基づく行政代執行の際に、環境大臣または都道府県知事の委託を受けて、委託に係る特別管理産業廃棄物のみの処分を行う者

(6)法第15条の4の3第1項の認定 (産業廃棄物の広域認定) を受けた者 (当該認定に係る特別管理産業廃棄物の処分を行う場合に限る。)

(7)法第15条の4の4第1項の認定 (産業廃棄物の無害化処理認定) を受けた者 (当該認定に係る特別管理産業廃棄物の処分を行う場合に限る。)

無許可業者を見抜くためのチェックポイント

　まずは、許可証の内容の詳細なチェックをすることです。具体的なチェックポイントは先述しましたので、そちらをご参照ください。

　第2のポイントは、「現地確認」となります。中間処理や最終処分を委託する場合は、収集運搬だけの委託とは異なり、相手方処理業者の持つ施設の能力などが重要な意味を持ちます。処理業者の中には、許可証で認められた施設を勝手に変更したり、無許可で新たな施設を設置しているところがあります。そのような場合には、許可内容を無許可で変更していることになり、廃棄物処理法違反となりますので、委託先としてはふさわしくない相手と言えます。

　現地確認の際には、許可内容と実際の処理施設の実態を照らし合わせながら確認するのが基本となります。現地確認のポイントについては、後で詳しく解説します。

　第3のポイントは、「インターネット上で公開されている情報を参照」することです。各都道府県が公開している処理業者名簿や、許可内容の詳細をチェックするのは基本です。環境省も各処理業者の許可情報を検索できるHPを公開しています。

◉環境省・産業廃棄物処理業者情報検索システム
http://www.env.go.jp/recycle/waste/sanpai/

　また、2010年改正で創設された「優良産業廃棄物処理業者認定制度」を活用することも有効です。

　「優良産業廃棄物処理業者認定制度」とは、情報公開状況その他の一定の評価基準を満たした処理業者を「優良認定業者」として認定し、認定を受けた業者については、原則5年間の許可期間を7年に伸長するという制度です。優良認定業者が公開している情報は、下記の財団法人産業廃棄物処理事業振興財団のHPで閲覧可能ですので、信頼

性が高い処理業者の情報を幅広く集めると良いでしょう。

◉財団法人 産業廃棄物処理事業振興財団

http://www2.sanpainet.or.jp/zyohou/index_u4.php

　無許可業者を見抜くという目的のみを追求するのではなく、より信頼性の高い処理業者を見つけ、安心して処理委託をするためにも、今後は優良認定制度を積極的に活用する必要性が高まっています。

優良認定業者と取引をするメリット

【情報公開の姿勢】
- 中間処理残さの委託先等の情報を集めやすい
- 廃棄物処理施設の維持管理情報を閲覧できる
- 操業状態に自信がある証拠でもある

【信頼性が高い（という可能性が高い）】

【企業として組織が確立している（という可能性が高い）】

現地確認の法的な位置づけ

　まずは、現地確認の正確な位置づけからご説明します。

　現地確認とは廃棄物処理法で使用されている用語ではなく、「委託先処理業者の事業場を訪問して、適切な処理ができるかどうかを排出事業者自身が確認する」ことを指す一般的な俗称です。廃棄物処理法では、下記のように「産業廃棄物の処理状況の確認」として位置づけられています。

【廃棄物処理法 第12条第7項】
　事業者は、前二項の規定によりその産業廃棄物の運搬又は処分を委託する場合には、当該産業廃棄物の処理の状況に関する確認を行い、当該産業廃棄物について発生から最終処分が終了するまでの一連の処理の行程における処理が適正に行われるために必要な措置を講ずるように努めなければならない。

本書では、法律的な用語の「処理状況確認」ではなく、「現地確認」として用語を統一して使用しています。

　現地確認を怠ったとしても、それだけで廃棄物処理法の罰則の対象となるわけではありません。現地確認は、直罰の対象ではなく、「努力義務」となります。

　ただ、努力義務とはいえ、排出事業者が現地確認を一切行わず、委託先処理業者が不適正処理を行ったような場合には、委託基準の一つである現地確認を怠ったという理由で「措置命令」の対象になります。結局のところ、現地確認を怠ると何らかのペナルティが科されることになりますので、排出事業者としては現地確認を必ず行うようにする必要があります。

現地確認を行う目的

　先述したように、現地確認を行うことは委託者の義務として必須となりましたが、ただ漫然と処理業者の事業場を見学するだけで十分なのでしょうか。最低限の義務としては、それでも努力義務を果たしたと言えなくもありませんが、そもそもの目的は、単なる施設見学ではなく、処理業者の信頼性の調査であるはずです。

　せっかく時間と経費を割いて現地確認に行くのであれば、取引先として安全かどうかという、実質的な意味での与信調査を行うことが必要です。そのためのポイントとして以下の5点に留意すると、より実効性の高い現地確認が行えるようになるでしょう。

現地確認の際に把握したい内容

① 現状の遵法状況
② 従業員教育のレベル
③ 将来的に経営破たんする可能性はないか
④ 会社の信頼性
⑤ 公開情報の真偽

①現状の遵法状況

　「許可外の廃棄物が入っていないか」「廃棄物の保管状況は適切か」「行政処分を過去5年以内に受けた実績がないか」「マニフェストの保管状況」など、廃棄物処理法に照らして、現在の遵法状況を調査することが必要です。

②従業員教育のレベル

「労働安全教育の徹底度」や「来客への対応姿勢」など、処理現場で実際に働く従業員をちゃんと教育しているかどうかで、処理業者の信頼性は大きく変わります。

③将来的に経営破たんする可能性はないか

「財務諸表の閲覧（可能であればコピーなどを入手）」や「施設の稼働率が適切か」など、その業者の経営状況を知ることができる情報を幅広く入手するべきです。

特に施設の稼働率については、経営状況を知るうえで非常に有益な情報となります。稼働率は低すぎても、また著しく高すぎ（許可能力を超過するような高稼働）てもいけません。

④会社の信頼性

「契約内容どおりの処理がなされているか」「質問には誠実に答えているか」「暴力団（風の）関係者が出入りしていないか」など、取引先として信頼できる相手かどうかを気にしながら、情報を収集する必要があります。

⑤公開情報の真偽

「中間処理残さの処理先」、「施設の維持管理情報」など、契約書やインターネットで公開している情報の詳細を尋ね、公開している情報が正しいかどうかも調査する必要があります。

現地確認の手順

現地確認の手順は、下記のようになります。

■1 まずは自社の委託処理フローを把握
　「処理フロー」とは、収集運搬から最終処分までの産業廃棄物処理の一連の流れのこと
■2 実際に委託先処理業者を訪問し、「現場面」と「管理面」を確認
■3 現地確認で得た情報を元に、パートナー処理企業を選定
■4 現地確認に行った日、場所、得られた情報などを書面化し、社内で保管

このうち「2」と「3」の詳細については先述しましたので、「1」と「4」の重要性について解説します。

まず、1の「自社の委託処理フローの確認」についてですが、これは必ずやっていただきたい準備です。自社が委託する産業廃棄物がどんなもので、どうやって最終処分されていくのかを知らずに現地確認をしても、単なる施設見学に終わってしまうからです。契約内容どおりに処理がなされているかを確認するためにも、処理フローを把握しておくことが必要となります。

　また、4の「現地確認結果の記録化」は、非常に重要な仕上げであるにもかかわらず、多くの企業においてそれほど熱心に行われていない行動です。撮影した画像や日時などを書面化している企業はたくさんあることと思いますが、経費をかけて現地確認に行った貴重な結果ですので、担当者の個人的なメモではなく、「委託者責任を果たした証拠」として、後日第三者に見せる可能性があるという前提で、保存しておきましょう。

　そうしておけば、委託先処理業者が万が一不適正処理を行った場合でも、委託者として必要十分な注意管理義務を果たしていた証拠として、現地確認結果を行政に証明することができ、措置命令の対象となることを免れることができるようになります。

　くれぐれも、単なる施設見学で終わらせるのではなく、最悪の事態（それが起こる可能性は非常に低いとしても）を想定しながら、慎重に現地確認を行うようにしてください。

第3章　罰則の取扱い説明書 4【許可業者への委託義務】

75

第3章

■発生頻度　★★★☆☆　　■罰則の重さ　★★★★☆

5 行政からの命令に関する違反

事例から学ぶ　罰則への対処法（行政からの命令）

：製造事業者の廃棄物管理担当課長B氏（3回目の登場）

先日ご相談した某県での不法投棄事件ですが、委託契約書に不備があったとかで、当社の責任が厳しく追及されました。

排出事業者として、委託基準を順守しなければならないことは理解しましたが、契約書にちょっとした不備があっただけなのに、行政からは「措置命令を出されたくなかったから、不法投棄物を自主撤去するか、撤去費用400万円を支払いなさい」と言われているんです。

当社は処理料金を払っているのに不法投棄されたんですから、言ってみれば被害者ですよね。それなのに、行政が被害者からさらに金をふんだくるなんて、この国は本当に法治国家なんですかね？

裁判で決まったわけでもないので、措置命令でもなんでも出してみろってなもんですよ。こんな横暴な言いがかりなんて無視しちゃっても大丈夫ですよね！？

A：元々の処理料金を払ったのに、その上さらに不法投棄物の撤去費用を負担させられると、まさに「踏んだり蹴ったり」ですね。

しかし、措置命令に違反した場合は、「5年以下の懲役もしくは1,000万円以下の罰金、またはこれの併科」という刑事罰の適用対象になってしまうんです。そのため、まずは措置命令の対象にならないように、自主撤去をするか、撤去費用の負担額の減額交渉をしてみましょう。

措置命令の対象になると、報道機関や自治体のHPで命令の内容が公表されますので、企業にとっては非常に不名誉な結果となります。長年かけて築き上げた信用が、た

措置命令が出されてから慌てても遅すぎる！

った一回の措置命令により一瞬で吹っ飛ぶことになります。

　排出事業者としては、措置命令が出される寸前になってから慌てるのではなく、日頃から委託基準を守った委託をしながら、信頼できる処理業者とそうではない処理業者との選別を進めたいところです。

　措置命令の他にも、行政から出される命令に違反したときは、下記の罰則の適用対象となります。措置命令については、法律改正が行われるたびに命令の対象者や、対象となる行為が増やされてきましたので、必ず正確に理解しておきましょう。

行政からの命令に違反した場合の罰則

違反の内容	罰則
事業の停止命令 または 措置命令に違反	廃棄物処理法第25条第五号 5年以下の懲役もしくは1,000万円以下の罰金、またはこれの併科
改善命令 または 廃棄物処理施設の使用停止命令に違反	廃棄物処理法第26条第二号 3年以下の懲役もしくは300万円以下の罰金、またはこれの併科
マニフェストに関する 措置命令に違反	廃棄物処理法第27条の2第十一号 1年以下の懲役または100万円以下の罰金
廃棄物処理施設での 事故発生後の応急措置に関する 措置命令に違反	廃棄物処理法第29条第七号 6か月以下の懲役または50万円以下の罰金

　上記のうち、マニフェストと廃棄物処理施設での事故対応に関する措置命令は別のページで解説をしていますので、今回は残りの2つの行政命令違反に関する罰則を解説します。

「5年以下の懲役もしくは 1,000万円以下の罰金」の対象となる違反

■ 事業の停止命令に違反

市町村長または都道府県知事は、それぞれ一般廃棄物処理業者と産業廃棄物処理業者に対し、一定の期間を定めて、廃棄物処理事業の全部または一部の停止を命じることができます。これが「事業の停止命令」です。

市町村長または都道府県知事が事業の停止命令を出す条件は下記のとおりです。

廃棄物処理業者が

1 廃棄物処理法または廃棄物処理法に基づく処分に違反する行為をしたとき

2 他人に対して違反行為をすることを要求し、依頼し、もしくは唆し、もしくは他人が違反行為をすることを助けたとき

3 処理業者の事業の用に供する施設または処理業者の能力が許可基準に適合しなくなったとき

4 許可に付された条件に違反したとき

上記の4条件を具体的に解説するために、産業廃棄物処理業者に関する判断基準になりますが、2005年8月12日に発出された「行政処分の指針」から関係する部分を抜粋します。

【違反行為】

- 「違反行為」とは、法又は法に基づく処分に違反する行為をいい、それによって刑事処分又は行政処分を受けている必要はない

- 捜査機関による捜査が進行中である場合又は公訴が提起されて公判手続が進行中である場合であっても、違反行為の事実が客観的に明らかである場合には、留保することなく、速やかに処分を行うべきである

- 犯罪に対する刑罰の適用については公訴時効が存在するが、行政処分を課すに当たってはこれを考慮する必要はない

抜粋の通り、非常に厳しい態度で行政は違反行為に対して事業の停止命令を出さねばならないとされています。廃棄物処理法では違法行為の行為者だけでなく、その行為を「要求」「依頼」「唆し」「助け」た者も厳密に処分されます。

【「要求」「依頼」「唆し」「助け」】
- 「要求」「依頼」「唆し」とは、いずれも他人に対して違反行為をすることを働きかける行為であり、実際に違反行為が行われることを要しない
- 「要求」とは、優越的立場で他人に対して違反行為をすることを求めること
- 「依頼」とは、「要求」に当たらない場合、すなわち自己と同等以上の地位にある者に対して違反行為をすることを求めることや優越的立場でなく他人に対して違反行為をすることを求めること
- 「唆し」とは、他人に違反行為を誘い勧めることをいい、「要求」や「依頼」に比べ、一定の行為を行うことを求める程度がより弱いものであり、また、求める者と求められる相手方との関係を問わないものをいう
- なお、収集運搬業者が排出事業者に対して委託基準違反に該当する行為や産業廃棄物管理票の不交付、不記載等の違反行為をすることを働きかける行為、処分業者に対して架空の管理票を作成することを働きかける行為等が近時少なからず見受けられるが、これらの行為はこの要件に該当するものであり、厳格な行政処分を実施されたい
- 「助け」とは、他人が違反行為をすることを容易にすることをいい、例えば、収集運搬業者が無許可業者の事業場まで運搬を行う場合、無許可業者への仲介・斡旋を行う場合、処分業者が、法第12条第4項に規定する委託基準に違反し、あるいは再委託禁止に違反する処分委託であることを知りながらそれを受託する場合などが広くこれに該当する

　これも非常に厳しい論調で、違法行為に対して厳正な姿勢で臨めと説いています。委託契約書やマニフェストなどは、実務でよく扱う書類ですので、上記の指針で挙げられているような違法な運用をしないように注意をしましょう。

　施設に関する許可基準は下記のとおりですので、下記の条件に適合しなくなった処理業者には、事業の停止命令がかけられることとなります。

【一般廃棄物収集運搬業 (廃棄物処理法 施行規則 第2条の2)】
- 一般廃棄物が飛散し、及び流出し、並びに悪臭が漏れるおそれのない運搬車、運搬船、運搬容器その他の運搬施設を有すること
- 積替施設を有する場合には、一般廃棄物が飛散し、流出し、及び地下に浸透し、並びに悪臭が発散しないように必要な措置を講じた施設であること

【一般廃棄物処分業（廃棄物処理法 施行規則 第2条の4）】
- 浄化槽に係る汚泥又はし尿の処分を業として行う場合には、当該汚泥又はし尿の処分に適するし尿処理施設（浄化槽を除く）、焼却施設その他の処理施設を有すること
- その他の一般廃棄物の処分を業として行う場合には、その処分を業として行おうとする一般廃棄物の種類に応じ、当該一般廃棄物の処分に適する処理施設を有すること
- 保管施設を有する場合には、搬入された一般廃棄物が飛散し、流出し、及び地下に浸透し、並びに悪臭が発散しないように必要な措置を講じた施設であること

【産業廃棄物収集運搬業（廃棄物処理法 施行規則 第10条）】
- 産業廃棄物が飛散し、及び流出し、並びに悪臭が漏れるおそれのない運搬車、運搬船、運搬容器その他の運搬施設を有すること
- 積替施設を有する場合には、産業廃棄物が飛散し、流出し、及び地下に浸透し、並びに悪臭が発散しないように必要な措置を講じた施設であること

【産業廃棄物処分業（廃棄物処理法 施行規則 第10条の5）】
- 汚泥（特別管理産業廃棄物であるものを除く）の処分を業として行う場合には、当該汚泥の処分に適する脱水施設、乾燥施設、焼却施設その他の処理施設を有すること
- 廃油（特別管理産業廃棄物であるものを除く）の処分を業として行う場合には、当該廃油の処分に適する油水分離施設、焼却施設その他の処理施設を有すること
- 廃酸又は廃アルカリ（特別管理産業廃棄物であるものを除く）の処分を業として行う場合には、当該廃酸又は廃アルカリの処分に適する中和施設その他の処理施設を有すること
- 廃プラスチック類（特別管理産業廃棄物であるものを除く）の処分を業として行う場合には、当該廃プラスチック類の処分に適する破砕施設、切断施設、溶融施設、焼却施設その他の処理施設を有すること
- ゴムくずの処分を業として行う場合には、当該ゴムくずの処分に適する破砕施設、切断施設、焼却施設その他の処理施設を有すること
- その他の産業廃棄物の処分を業として行う場合には、その処分を業として行おうとする産業廃棄物の種類に応じ、当該産業廃棄物の処分に適する処理施設を有すること
- 保管施設を有する場合には、産業廃棄物が飛散し、流出し、及び地下に浸透し、並びに悪臭が発散しないように必要な措置を講じた保管施設であること
- 埋立処分を業として行う場合には、産業廃棄物の種類に応じ、当該産業廃棄物の埋立処分に適する最終処分場及びブルドーザーその他の施設を有すること
- 海洋投入処分を業として行う場合には、産業廃棄物の海洋投入処分に適する自動航行記録装置を装備した運搬船を有すること

事業者の能力については、再び前出の「行政処分の指針」から関係する部分を抜粋します。

【事業者の能力】
- 能力については、産業廃棄物の処理を的確に行うに足りる知識若しくは技能、又は産業廃棄物の処理を的確かつ継続して行うに足りる経理的基礎を有しなくなることをいう
- 金銭債務の支払不能に陥った者、事業の継続に支障を来すことなく弁済期日にある債務を弁済することが困難である者、銀行取引停止処分がなされた者、及び債務超過に陥っている法人等については、経理的基礎を有しないものと判断して差し支えない
- 中間処理業者にあって未処理の廃棄物の適正な処理に要する費用が現に留保されていない者や最終処分業者にあって維持管理積立金制度に係る必要な積立額が現に積み立てられていない者についても、経理的基礎を有しないと判断して差し支えない

経理的基礎の有無で、能力が有るか無いかを判断しているのが実情です。

■ 措置命令に違反

「措置命令」とは、処理基準に反する方法で廃棄物の「処分」が行われために、生活環境の保全上の支障を生じ、あるいは生じる危険性がある場合に出される命令です。命令の内容としては、「生活環境保全上の支障の除去や支障の発生防止のために必要な措置を取ること」が命じられます。

措置命令は、一定の期間を定めて具体的な措置を実行することが求められますが、措置命令の内容に違反した場合は、「5年以下の懲役もしくは1,000万円以下の罰金」という刑事罰の提供対象となります。

措置命令が出される条件は、

- 一般廃棄物処理基準（特別管理一般廃棄物の場合は、特別管理一般廃棄物処理基準）に適合しない一般廃棄物の収集、運搬又は処分が行われた場合において、生活環境の保全上支障が生じ、または生じるおそれがあると認められるとき
- 産業廃棄物処理基準又は産業廃棄物保管基準（特別管理産業廃棄物の場合は、特別管理産業廃棄物処理基準または特別管理産業廃棄物保管基準）に適合しない産業廃棄物の保管、収集、運搬又は処分が行われた場合において、生活環境の保全上支障が生じ、または生じるおそれがあると認められるとき

となっています。

2010年改正によって、産業廃棄物のみ保管基準違反も措置命令の対象となりましたので、廃棄物の保管基準についてもまとめておきます。

【産業廃棄物の保管基準】
1. 周囲に囲いが設けられていること
2. 見やすい箇所に、産業廃棄物の保管である旨の掲示板を設けること
3. 保管の場所から、産業廃棄物が流出、放出、地下浸透、悪臭が発散しないように必要な措置を講じること
4. 保管の場所には、ねずみ、蚊、はえ、その他の害虫が発生しないようにすること
5. 保管する産業廃棄物の数量が、保管場所における1日当たりの平均的な搬出量の7倍以下であること

■ 保管場所に囲いがある
　○保管する産業廃棄物の荷重が直接囲いにかかる場所は構造耐力上安全であること
■ 見やすい場所に掲示板を設置する
　○寸法　60cm×60cm以上
　○表示内容
　　○産業廃棄物の保管の場所である　○保管する産業廃棄物の種類　○管理者氏名又は名称、連絡先
　　○屋外で容器を用いずに保管する場合は、積み上げの最大高さ
■ 産業廃棄物の飛散・流出・地下浸透・悪臭の防止
　○汚水による汚染の防止
　　○排水溝等の設置　○不浸透性の材料による底面の被覆
　○屋外で容器を用いずに保管する場合は、積み上げの高さを制限

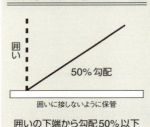

囲いの下端から勾配50%以下

囲いの内側2m未満は囲いの高さより50cm以下
囲いの内側から2m以上は、その線から勾配50%以下

■ ねずみ、蚊、はえなどの発生防止
　石綿含有産業廃棄物の保管に係る措置
　○石綿含有産業廃棄物がその他のものと混合しないように仕切り等の設置
　○石綿含有産業廃棄物の飛散防止
　　○覆いを設ける、湿潤化　○梱包する　など

出典：旧厚生省および環境省法令資料より日報ビジネス㈱環境編集部作成

措置命令の対象者については、廃棄物処理法で下記のとおりに限定されています。

1 一般廃棄物の収集、運搬又は処分を行った者
2 「1」の者に、一般廃棄物の委託基準に反した方法で委託をした者
3 一般廃棄物の広域認定業者
4 産業廃棄物の保管、収集、運搬または処分を行った者
5 「4」の者に、産業廃棄物の委託基準、あるいは再委託基準に反した方法で委託をした者
6 マニフェストに係る義務違反をした者（詳細は「3－3マニフェスト」で解説）
7 「4」から「6」に該当するものが建設工事の下請業者であった場合に、その下請業者と請負契約を結んでいた元請業者
8 産業廃棄物の保管、収集、運搬、処分を行った者、もしくは「5」から「7」に該当する者に対して、違反行為を要求し、依頼し、もしくは唆し、またはこれらの者が処分等をすることを助けた者
9 下記の2条件があてはまる産業廃棄物の排出事業者
- 産業廃棄物の処分等を行った者の資力その他の事情からみて、処分者のみでは、支障の除去等の措置を講じることが困難、または講じても十分でないとき
- 排出事業者が産業廃棄物の処理に関し適正な対価を負担していないとき、不適切な収集、運搬又は処分が行われることを知り、または知ることができたとき、その他排出事業者に支障の除去等の措置を採らせることが適当であるとき

「3年以下の懲役もしくは300万円以下の罰金」の対象となる違反

■ 廃棄物処理施設の改善命令または使用停止命令に違反

　都道府県知事は、廃棄物処理施設の設置事業者に対し、廃棄物処理施設に必要な改善や、一定の期間内の施設の使用停止を命じることができます。

　都道府県知事が廃棄物処理施設の改善命令、または使用停止命令を出す条件は下記のとおりです。

1 廃棄物処理施設の構造またはその維持管理が、技術上の基準または許可申請書に記載した設置に関する計画もしくは維持管理に関する計画に適合しなくなったとき
2 廃棄物処理施設の設置事業者の能力が許可基準に適合しなくなったとき
3 廃棄物処理施設の設置事業者が違反行為をしたとき
4 廃棄物処理施設の設置事業者が他人に対して違反行為をすることを要求し、依頼し、もしく

は唆し、もしくは他人が違反行為をすることを助けたとき

5 廃棄物処理施設の設置事業者が設置許可に付された条件に違反したとき

■ 改善命令に違反

　廃棄物処理施設に関する改善命令の他にも、廃棄物保管基準や処理基準に適合しない行為に対して改善命令が出されることがあります。

　上記の改善命令では、廃棄物の適正処理を確保するために、期限を定めて、廃棄物の保管、収集、運搬または処分方法の変更その他必要な措置を講じることが命令されます。

命令の対象者	命令をする者
一般廃棄物処理基準（特別管理一般廃棄物にあつては、特別管理一般廃棄物処理基準）に適合しない一般廃棄物の収集、運搬または処分を行った者	市町村長
産業廃棄物処理基準または産業廃棄物保管基準（特別管理産業廃棄物にあつては、特別管理産業廃棄物処理基準または特別管理産業廃棄物保管基準）に適合しない産業廃棄物の保管、収集、運搬または処分を行った者	都道府県知事
一般廃棄物処理基準（特別管理一般廃棄物にあつては、特別管理一般廃棄物処理基準）または産業廃棄物処理基準（特別管理産業廃棄物にあつては、特別管理産業廃棄物処理基準）に適合しない一般廃棄物または産業廃棄物の当該認定に係る収集、運搬または処分を行った無害化処理認定業者	環境大臣

　「措置命令」と「改善命令」を具体的に解説してきましたが、それぞれの命令の違いが今一つわかりにくい方が多いのではないかと思います。

　非常に古い通知ですが、措置命令と改善命令の違いを端的に説明したものがあります。

措置命令と改善命令の違い（1977年11月5日付環産59号通知より抜粋）

　　問21　廃棄物処理法 第19条の2第1項（注：現行法では第19条の5、以下同様）に規定する産業廃棄物に係る措置命令は、同法第12条第3項（注：現行法では第19条の3、以下同様）に規定する命令とはどのように異なるのか。

　　答　　廃棄物処理法第19条の2第1項に規定する措置命令は、すでに行われた産業廃棄物の

処分に起因する環境汚染を防除することを目的として行われるものである。これに対し、同法第12条第3項に規定する命令は事業者に同法第12条第1項及び第2項に規定する基準に適合した運搬、処分又は保管を行わせるために将来に向かって事業者の行う産業廃棄物の処理方法の改善等を目的として行われるものである。

　つまり、措置命令は「既に発生している問題を解決するための措置を取らせる命令」であるのに対し、改善命令は「将来に向かって廃棄物の処理方法を改善させるための命令」ということになります。

措置命令と改善命令

どちらの命令も、処理基準や保管基準違反に対して出される点では同じですが、「措置命令」の場合は、現時点で生活環境保全上の支障が生じている、あるいは生じる危険性が高いために出される命令です。「改善命令」の場合、処理基準あるいは保管基準違反があれば、生活環境保全上の支障の有無に関係なく、違反行為を是正させるために迅速に出される命令です。

　委託先の処理業者が不法投棄などを行った場合には、委託基準違反や処理業者の資力が不足しているという事情があると、措置命令の対象となってしまうことにも注意が必要です。

第3章

■発生頻度 ★★★★★　■罰則の重さ ★★★★★

6 廃棄物処理業者に対する罰則

事例から学ぶ　罰則への対処法（処理業者に対する罰則）

：産業廃棄物中間処理企業のG社長

当社は木くずとがれき類の2種類を破砕している中間処理会社です。木くずについては、従来は中間処理後にチップとして製紙会社に買い取ってもらっていたんですが、最近は製紙会社が、「異物の混入不可」とか、「チップの大きさを40mm以下に揃えろ」とか非常に注文がうるさくなり、当社の木くずチップを買い取ってもらえなくなってきたんですよ。

当社も営利企業ですから、コストを度外視して、管理型最終処分場に際限なく木くずのチップの処理を委託し続けられません。そこで、当社にとっても、お客さんにとっても良い方法を思いついたんです。

当社よりも安い料金で処理してくれる木くずの中間処理業者が近所で見つかったので、当社に搬入された木くずについては、未処理のまま安い中間処理業者のところに搬出し、処理してもらおうと思うんです。

もちろん、当社のお客さんが交付したマニフェストには、当社が責任を持って「処理終了年月日」を記載します。産業廃棄物が適正に処理できるし、お客さんにも値上げの要請をしなくて済むので、皆が幸せになる良い方法ですよね。

：G社長の構想には、少なくとも2つの廃棄物処理法違反が含まれています…

【G社長の構想に含まれている法律違反】
- 排出事業者から委託された木くずの処理を、排出事業者に無断で他の処理業者に再委託
- 産業廃棄物の処理をしていないのに、マニフェストに処理終了年月日を虚偽記載

廃棄物処理業は国内でも有数の規制が厳しい業界です

　廃棄物処理業以外の業態であれば、そのような下請や再委託（委任）行為が認められることもありますが、廃棄物処理業の場合は、廃棄物処理法によって、明確に再委託などが禁止されています。軽はずみな行動が、刑事罰に直結してしまうということを十分に認識しておく必要があります。仮に、懲役刑ではなく、罰金刑で済んだとしても、廃棄物処理法違反に基づく罰金の場合は、廃棄物処理業の許可が必ず取消される原因となりますので、絶対に罰則の適用対象になってはいけません。

　廃棄物処理法の罰則は第25条から第34条まで規定されていますが、廃棄物処理業者の場合は、ほとんどすべての罰則の適用対象になっています。廃棄物処理企業が成長していくためには、売上の増大を図ることも重要ですが、罰則の対象をよく熟知し、「許可取消」という会社の生命をいきなり奪われる危機をあらかじめ避けることも非常に重要です。

■「罰則」という、やってはいけないルールを知らずに事業を進めるということは、高さ300mの断崖の間に張られたロープの上を、目隠しで綱渡りをするようなもの

- ➡ いつロープの上から落ちても不思議ではない
- ➡ ロープから落ちてはじめて危険とわかる
- ➡ 危険とわかったときには、もはやリカバリーができない

そのためには…

- ✓「ロープから落ちる危険性（リスク）」
- ✓「ロープから落ちないための渡り方（ルール）」の両方を把握することが必要

罰則の適用対象者の一覧

法	号	該当する行為	排出者	処理業者
25条	一	廃棄物処理業の無許可営業		
	二	不正の手段により、廃棄物処理業の許可を取得		○
	三	廃棄物処理業の事業範囲を無許可で変更		○
	四	不正の手段により、廃棄物処理業の事業範囲を無許可で変更		○
	五	事業停止命令や措置命令に違反して、廃棄物処理業を実行		○
	六	無許可業者に廃棄物処理を委託	○	○
	七	廃棄物処理業の名義貸し		○
	八	廃棄物処理施設を無許可で設置	○	○
	九	不正の手段により、廃棄物処理施設の設置許可を取得	○	○
	十	廃棄物処理施設の許可事項を無許可で変更	○	○
	十一	不正の手段により、廃棄物処理施設の変更許可を取得	○	○
	十二	廃棄物を不正に輸出	○	○
	十三	無許可で産業廃棄物の収集運搬又は処分を受託		○
	十四	廃棄物の不法投棄	○	○
	十五	廃棄物の不法焼却	○	○
	十六	指定有害廃棄物（硫酸ピッチ）の保管、収集、運搬又は処分	○	○

第25条は、「5年以下の懲役若しくは1000万円以下の罰金、又はこれの併科」という廃棄物処理法でもっとも重い罰則ですが、事実上第25条のすべての罰則は廃棄物処理業者に適用される可能性があります。」

廃棄物処理業者が特に留意しなければならない罰則は、「廃棄物処理業の業許可」に関するものです。

☐ **無許可営業**

　都道府県知事や市町村長から「廃棄物処理業」の許可を受けずに、廃棄物処理業を営むこと

☐ **無許可変更**

　廃棄物処理業の許可内容を、都道府県知事や市町村長の許可を受けずに、勝手に変更すること

【変更許可が必要なケース】

収集若しくは運搬又は処分の事業の範囲を変更しようとするとき

(法第7条の2、第14条の2、第14条の5)

具体的には
- ➡ 収集運搬をする産業廃棄物の種類を追加するとき
  （例：「木くず」を新たに運ぶ場合）
- ➡ 中間処理をする産業廃棄物の種類を追加するとき
  （例：破砕の対象に「木くず」を新たに加える場合）
- ➡ 中間処理方法を追加するとき
  （例：新たに焼却処理を追加する場合）

■ 不正の手段により廃棄物処理業の許可を取得、あるいは変更許可を取得

虚偽の内容に基づき許可申請を行い、行政を欺いて許可を取得すること

どんな場合が不正な許可取得に当たるか

- ●債務超過状態であることを隠すため、決算書類を偽造して許可を取得
- ●実質的な経営者が暴力団員であることを隠すため、暴力団員の配偶者を会社代表者として許可を取得

（2011年に逮捕事例あり）

経営の3要素である「ヒト」「モノ」「カネ」のうち、「モノ（施設＝処理技術）」については、行政から徹底的に書類審査、あるいは現地調査を受けるが、どうしても書類審査が中心となる「ヒト」と「カネ」に関し、適正な申請を強制するための罰則

「廃棄物処理施設」や「不法投棄」、「不法焼却」に関する罰則は、別のページで詳細を解説しています。

罰則の適用対象者の一覧

法	号	該当する行為	排出者	処理業者
26条	一	廃棄物の処理を、委託基準に反した方法で委託	○	○
	二	行政からの改善命令・使用停止命令に違反	○	○
	三	無許可で、一般廃棄物処理施設又は産業廃棄物処理施設を譲り受け又は借り受け	○	○
	四	無許可で国外廃棄物を輸入	○	○
	五	国外廃棄物輸入の許可条件違反	○	○
	六	「不法投棄」又は「不法焼却」する目的で、廃棄物を収集運搬	○	○

　第26条は、「3年以下の懲役若しくは300万円以下の罰金、又はこれの併科」という、排出事業者と処理業者の双方に等しく適用される罰則です。それぞれの罰則の詳細は、別のページで解説しています。

罰則の適用対象者の一覧

法	号	罰則の適用対象	排出者	処理業者
27条の2	一	管理票を交付しなかった、又は虚偽の記載をして管理票を交付した者	○	○
	二	運搬受託者が管理票の写しを送付しなかった、又は虚偽の記載をして写しを送付した者		○
	三	処分先へ管理票を回付しなかった収集運搬業者		○
	四	管理票の写しを送付しなかった、又は虚偽の記載をして写しを送付した処分業者		○
	五	管理票又はその写しを保存しなかった者	○	○
	六	虚偽の記載をして管理票を交付した排出事業者（中間処理業者を含む）	○	
	七	排出事業者から管理票の交付を受けずに、産業廃棄物の処理を引き受けた者		○
	八	運搬又は処分が終了していないのに、管理票の写しの送付又は情報処理センターへの報告をした者		○
	九	電子マニフェストを使用するために、情報処理センターに虚偽の登録をした者	○	○
	十	電子マニフェストを使用する場合で、受託した廃棄物の処理が終了したにもかかわらず、情報処理センターに報告しなかった又は虚偽の報告をした者		○
	十一	行政からの管理票に関する規定遵守の勧告に従わず、更にその勧告に関する措置命令にも違反した者	○	○

　第27条の2は、「1年以下の懲役または100万円以下の罰金」という罰則で、マニフェストの運用に関する罰則を定めています。マニフェストに関して

は、別のページで詳細を解説していますので、そちらもご参照ください。

罰則の適用対象者の一覧

法	号	罰則の適用対象	排出者	処理業者
29条	一	欠格要件に該当する事態になった場合、又は建設廃棄物の保管場所を届け出なかった、あるいは虚偽の届出をした者	○	○
	二	廃棄物処理施設の設置許可後、「使用前検査」を受けずに、施設を使用した者	○	○
	三	市町村が設置した一般廃棄物処理施設に対する都道府県知事の改善命令または使用停止命令に違反した者		
	四	処理困難通知を出さなかった、または虚偽の通知を出した者		○
	五	処理困難通知を出した後、その通知を保存していなかった者		○
	六	土地の形質の変更の届出をせず、又は虚偽の届出をした者		
	七	廃棄物処理施設で事故が発生したが、応急的な措置を講じておらず、更に都道府県知事からの措置命令にも違反した施設の設置者	○	○

　第29条は、「6ヶ月以下の懲役または50万円以下の罰金」という罰則です。「廃棄物処理施設」に関しては、別のページで詳細を解説していますので、それ以外で処理業者にとって重要な罰則をここで解説しておきます。

■ 欠格要件に該当した場合
　廃棄物処理業や廃棄物処理施設の設置許可には、共通の「欠格要件」があります。欠格要件の詳細は別のページで解説しますが、欠格要件に該当することになった廃棄物処理企業は、その旨を行政に届けなければ、第29条第一号違反として、刑事罰の直接の適用対象となることがあります。

　欠格要件に該当した時点で、廃棄物処理業の許可は取消されることになりますが、それを隠して廃棄物処理業を続けると、場合によってはさらなるペナルティを科されることにつながります。

　まずは、欠格要件に該当しないこと。万が一、欠格要件に該当してしまった場合は、潔くその旨を行政に届けることが必要なのです。

■ 処理困難通知
　処理困難通知は、2010年改正で追加された産業廃棄物処理業者の新しい義務です。

91

具体的には、以下の8つの原因のどれか1つでも当てはまった場合、産業廃棄物処理業者は遅滞なく委託者に、「頼まれていた産業廃棄物の処理が困難になりました」という処理困難通知を出す必要があります。

通知の対象となる原因（廃棄物処理法施行規則第10条の6の2）

①産業廃棄物処理施設で事故が発生し、未処理の産業廃棄物の保管数量が上限に達した
②事業の廃止
③施設の休廃止
④埋立終了（最終処分場の場合のみ）
⑤欠格要件に該当
⑥事業の停止命令を受けた
⑦産業廃棄物処理施設の設置許可の取消しを受けた
⑧産業廃棄物処理施設に関して、施設の使用停止命令、改善命令、措置命令を受け、廃棄物処理ができなくなり、未処理の産業廃棄物の保管数量が上限に達した

上記の8つの原因の留意点としては、①と⑧の廃棄物処理施設に関する原因です。

① 処理施設で事故が発生 ＋「未処理の廃棄物の保管数量が上限に達した」
⑧ 処理施設に関して行政処分を受けた ＋「未処理の廃棄物の保管数量が上限に達した」

と書かれているとおり、産業廃棄物処理施設に関しては、「事故」や「行政処分」を受けると、即処理困難通知を出さねばならなくなるのではなく、事故や行政処分の影響で「未処理の廃棄物の保管数量が上限に達した」場合に初めて、処理困難通知を出さねばならなくなります。

一方、産業廃棄物処理業者に対する事業の停止命令の場合は、停止命令が出た時点ですぐに処理困難通知を出さねばなりません。

処理困難通知を出した産業廃棄物処理業者は、その通知の写しを「5年間」保存しなければなりません。

処理困難通知を出さなかった、あるいは虚偽の通知を出した産業廃棄物処理業者は廃棄物処理法第29条第四号で、通知の写しを保存しなかった産業廃棄物処理業者は廃棄物処理法第29条第五号で、それぞれ「6ヶ月以下の懲役または50万円以下の罰金」

92

の適用対象となります。

　処理困難通知を受けた排出事業者は、通知を出した処理業者からマニフェストが返送されていない場合には、生活環境の保全上の支障の除去や被害発生の防止など、必要な措置を講じ、通知を受けた日から30日以内に、措置内容等報告書を都道府県知事に提出しなければなりません。

罰則の適用対象者の一覧

法	号	違反行為	排出者	処理業者
30条	一	帳簿を備えず、規定事項を帳簿に記載せず、又は虚偽の記載をした	○	○
	二	変更届をせず、又は虚偽の届出をした	○	○
	三	定期検査を拒み、妨げ、又は忌避をした者	○	○
	四	一般廃棄物処理施設又は産業廃棄物処理施設の設置者で、施設の維持管理記録を作らず、又は虚偽の記録をした者	○	○
	五	産業廃棄物処理施設の設置事業者で、その事業所に産業廃棄物処理責任者又は特別管理産業廃棄物処理責任者を置かなかった者	○	
	六	有害使用済機器保管場所の届出をせず、または虚偽の届出を行い、有害使用済機器の保管または処分を業として行った者		
	七	行政からの報告徴収に対し、報告をせず、又は虚偽の報告をした者	○	○
	八	立入検査や廃棄物の収去を拒み、妨げ、又は忌避した者	○	○
	九	一般廃棄物処理施設又は産業廃棄物処理施設の設置者で、その施設に技術管理者を置かなかった者	○	○

　第30条は「30万円以下の罰金」という罰則ですが、これも排出事業者と処理業者の双方に等しく適用されます。処理業者にとって重要な第30条の罰則は、「廃棄物処理施設」と「帳簿」、「変更届」の3つです。廃棄物処理施設に関する罰則は別のページで詳細を解説しますので、ここでは残りの2つの「帳簿」と「変更届」の詳細を解説します。

■ 帳簿

　廃棄物処理業者は、帳簿を備え、廃棄物処理の記録を付ける義務があります（一般廃棄物については法第7条第15項、産業廃棄物については法第14条第17項、第14条の4第18項で規定）。帳簿の具体的な記載事項は次のとおりです。

一般廃棄物処理業者の場合

【廃棄物処理法施行規則第2条の5】

　　法第7条第15項の規定による一般廃棄物収集運搬業者及び一般廃棄物処分業者の帳簿の記載事項は、一般廃棄物の種類ごとに、次の表の上欄の区分に応じそれぞれ同表の下欄に掲げるとおりとする。

収集又は運搬	(1) 収集又は運搬年月日
	(2) 収集区域又は受入先
	(3) 運搬方法及び運搬先ごとの運搬量
処　　　分	(1) 受入れ又は処分年月日
	(2) 受け入れた場合には、受入先ごとの受入量
	(3) 処分した場合には、処分方法ごとの処分量
	(4) 処分（埋立処分及び海洋投入処分を除く。）後の廃棄物の持出先ごとの持出量
備　　　考	収集若しくは運搬又は処分に係る一般廃棄物が含まれる場合は、上欄の区分に応じそれぞれ下欄に掲げる事項について、石綿含有一般廃棄物に係るものを明らかにすること

　②前項の帳簿は、事業場ごとに備え、毎月末までに、前月中における前項に規定する事項について、記載を終了していなければならない。

　③法第7条第16項の規定による一般廃棄物収集運搬業者及び一般廃棄物処分業者の帳簿の保存は、次によるものとする。

　一　帳簿は、一年ごとに閉鎖すること。

　二　帳簿は、閉鎖後五年間事業場ごとに保存すること。

産業廃棄物処理業者の場合

【廃棄物処理法施行規則第10条の8】

　　法第14条第17項において準用する法第7条第15項の環境省令で定める事項は、産業廃棄物の種類ごとに、次の表の上欄の区分に応じそれぞれ同表の下欄に掲げるとおりとする。

収集又は運搬	一　収集又は運搬年月日
	二　交付された管理票ごとの管理票交付者の氏名又は名称、交付年月日及び交付番号
	三　受入先ごとの受入量
	四　運搬方法及び運搬先ごとの運搬量
	五　積替え又は保管を行う場合には、積替え又は保管の場所ごとの搬出量
運搬の委託	一　委託年月日
	二　受託者の氏名又は名称及び住所並びに許可番号
	三　交付した管理票ごとの交付年月日及び交付番号
	四　運搬先ごとの委託量

処　　　分	一	受入れ又は処分年月日
	二	交付又は回付された管理票ごとの管理票交付者の氏名又は名称、交付年月日及び交付番号
	三	受け入れた場合には、受入先ごとの受入量
	四	処分した場合には、処分方法ごとの処分量
	五	処分（埋立処分及び海洋投入処分を除く。）後の産業廃棄物の持出先ごとの持出量
処分の委託	一	委託年月日
	二	受託者の氏名又は名称及び住所並びに許可番号
	三	交付した管理票ごとの交付年月日及び交付番号
	四	交付した管理票ごとの、交付又は回付された受け入れた産業廃棄物に係る管理票の管理票交付者の氏名又は名称、交付年月日及び交付番号
	五	交付した管理票ごとの、受け入れた産業廃棄物に係る第8条の31の2第三号の規定による通知に係る処分を委託した者の氏名又は名称及び登録番号
	六	情報処理センターへの登録ごとの、交付又は回付された受け入れた産業廃棄物に係る管理票の管理票交付者の氏名又は名称、交付年月日及び交付番号
	七	情報処理センターへの登録ごとの、受け入れた産業廃棄物に係る第8条の31の2第三号の規定による通知に係る処分を委託した者の氏名又は名称及び登録番号
	八	受託者ごとの委託の内容及び委託量
備　　　考		収集若しくは運搬、運搬の委託、処分又は処分の委託に係る産業廃棄物に石綿含有産業廃棄物が含まれる場合は、上欄の区分に応じそれぞれ下欄に掲げる事項について、石綿含有産業廃棄物に係るものを明らかにすること

2　前項の帳簿は、事業場ごとに備え、次の各号に掲げる区分に応じ、それぞれ当該各号に定めるところにより記載しなければならない。

　　　一　前項の表収集又は運搬の項二に掲げる事項及び同表処分の項二に掲げる事項　管理票を交付又は回付された日から10日以内に記載すること。

　　　二　前項の表運搬の委託の項三に掲げる事項及び同表処分の委託の項三から七までに掲げる事項　管理票に係る産業廃棄物の引渡しまでに記載すること。

　　　三　前二号以外の事項、前月中における当該事項について、毎月末までに記載すること。

3　第2条の5第3項の規定は、法第14条第17項において準用する法第7条第16項の規定による産業廃棄物収集運搬業者及び産業廃棄物処分業者の帳簿の保存について準用する。

帳簿の記載事項と記載例

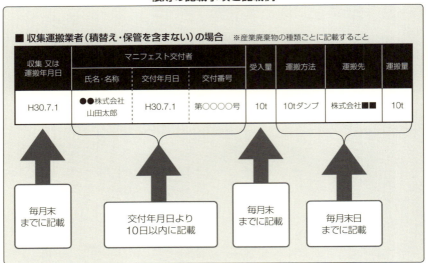

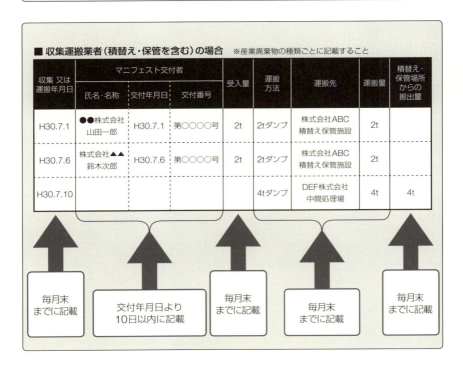

帳簿の記載事項と記載例

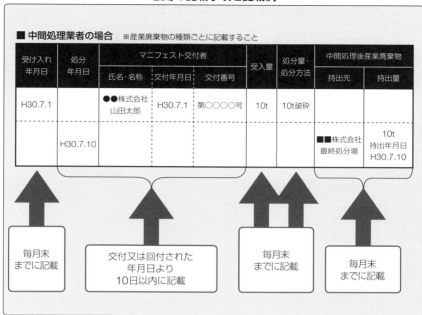

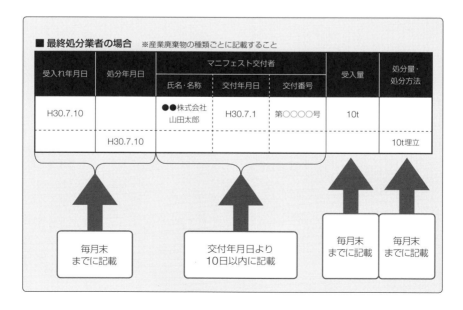

■ 変更届

　会社の名称や代表取締役などを変更した場合は、その変更の日から10日以内に行政に「変更届」を出さなければなりません。事業の全部または一部を廃止した場合には、廃止後から10日以内に「廃止届」を出す必要があります。

　変更届の対象は下記のとおりです。

一般廃棄物処理業者の場合

【廃棄物処理法第7条の2第3項及び廃棄物処理法施行規則第2条の6】

1. 氏名又は名称
2. 許可を受けた個人が未成年者である場合は、その法定代理人
3. 役員
4. 政令で定める使用人
5. 事務所及び事業場の所在地（住所を除く。）
6. 事業の用に供する主要な施設並びにその設置場所及び主要な設備の構造又は規模

産業廃棄物処理業者の場合

【廃棄物処理法第14条の2第3項及び廃棄物処理法施行規則第10条の10】

1. 氏名又は名称
2. 許可を受けた個人が未成年者である場合は、その法定代理人
3. 役員
4. 発行済株式総数の5％以上の株主又は出資額の5％以上の額に相当する出資をしている者
5. 政令で定める使用人
6. 事務所及び事業場の所在地（住所を除く。）
7. 事業の用に供する施設（運搬容器その他これに類するものを除く。）並びにその設置場所及び構造又は規模
8. 積替え保管の場所に関する下記の事項
   　①所在地、②面積、③積替え保管を行う産業廃棄物の種類（石綿含有産業廃棄物が含まれる場合は、その旨を含む。）、④積替えのための保管上限、⑤保管高さのうち最高のもの
9. 産業廃棄物処分業者の保管の場所に関する次に掲げる事項
   　①所在地、②面積、③保管する産業廃棄物の種類（石綿含有産業廃棄物が含まれる場合は、その旨を含む。）、④処分等のための保管上限、⑤保管高さのうち最高のもの
10. 都道府県内の政令市から受けた積替え保管許可の有無

罰則の対象にならないために、廃棄物処理業者が留意すべき点をまとめると、

---

① 業許可を適切に取得すること

➡ **無許可営業や、不正な申請で許可を取得しないこと**

② 取得した業許可の内容を順守すること

➡ **許可内容のとおりに操業すること**

③ 欠格要件には細心の注意を払い、絶対に該当しないようにすること

➡ **欠格要件に該当した時点で、廃棄物処理業の許可が消失してしまう**

④ マニフェストを正しく運用すること

➡ **虚偽記載や、マニフェストの交付が無い産業廃棄物の引受けは厳禁**

⑤ 処理困難通知を出さねばならない状況を避けるために、廃棄物処理基準に適合した操業を常に励行すること

➡ **処理困難通知を出すと、確実に排出事業者からの信用は損なわれる**

という5点になります。

　上記の5点の他にも、中間処理業者の場合は、中間処理残さの排出事業者になるケースがありますので、委託契約書などの委託基準を順守しなければなりません。

　罰則を無視するのは無謀以外の何者でもありませんが、必要以上に罰則を恐れ、何も行動をしないというのも問題です。

　上記の5点（中間処理業者の場合は6点）を念頭に置き、「自社が許可の範囲でできること」と「自社がやってはいけないこと」とを区別さえできれば、罰則を恐れる必要はまったくありませんので、胸を張って廃棄物処理業を続けていきましょう。

第3章

■発生頻度 ★★☆☆☆　　■罰則の重さ ★★★☆☆

7 廃棄物処理施設に関する罰則

事例から学ぶ　罰則への対処法（廃棄物処理施設）

：製造事業者の廃棄物管理担当課長H氏

　当社は海外向けの製品輸出が多い製造事業者なのですが、円高の影響や海外企業との競争を勝ち抜くためにも、会社からコストを削減するように厳しく言われています。

　当社が排出する産業廃棄物の大部分は廃プラスチック類です。

　コストを削減するといっても、廃棄物処理費をこれ以上削減して不法投棄されるのも怖いので、今回はそちらに手を付けないつもりです。しかしながら、廃棄物処理費を前年対比で10％以上削減というのが会社の至上命令であるため、何を節約すればよいのかで非常に悩みました。

　ある日、「テキトー環境コンサルティング株式会社」という会社の人が営業に来られ、「当社が推奨する破砕機を導入すれば、廃棄物処理費を20％以上削減することが可能です」と言うんです。「破砕機の設置なんて莫大な予算がかかるので、とても無理です」と言ったら、テキトー環境コンサルティングの営業さんが言うには、「破砕機は簡易なものですので、そんなに高いものではありません。レンタル形式で御社に破砕機を貸し出す方法も取れます。レンタルの場合は、レンタル料が月々5万円で済みます。簡易な機械ですが、当社の独自技術により、1日7tもの廃プラスチック類を破砕処理することが可能です」ということでした。月々5万円でそんなに大量の廃プラスチック類が安全に処理できるなら、非常に安い買い物ですから、さっそく当社もその簡易破砕機を導入し、機嫌良く自社処理をしていたんです。

　そんなある日、保健所から担当官が急に来て、「破砕機の無許可設置だから即刻使用を停止せよ」と偉そうに言ってきたんです。当社としては、他人の廃棄物ではなく、自社から発生する廃棄物のみを安全に処理している以上、他人様に一切迷惑をかけていないつもりです。民間がコスト削減を必死に行い、熾烈な競争環境で戦っているところに、なぜ役所からこんな冷や水を浴びせかけられなければいけないのでしょうか！？

100

対象施設、設置までの手続き、構造基準

A：廃棄物処理法では、廃棄物処理施設を設置する際には、都道府県から「廃棄物処理施設設置許可」を受けねばならないと定められているため、残念ながら今回は保健所の担当官の指導が正しいということになります…

「レンタル」だから「施設の設置」ではない、という言い分もあろうかと思いますが、廃棄物処理法は、「廃棄物処理」という行為そのものを規制するための法律ですので、施設のレンタルであろうが、施設を所有する場合であろうが、廃棄物処理施設の設置許可が必要となるのです。

その他、廃棄物処理施設に関して様々な罰則がありますので、改めて廃棄物処理施設を設置しなおす場合は、それらをすべて把握することが重要です。

廃棄物処理施設に関する罰則（第25条関連）

【廃棄物処理法 第25条】
　　次の各号のいずれかに該当する者は、5年以下の懲役若しくは1,000万円以下の罰金に処し、又はこれを併科する。
　一～七　略
　八　第8条第1項又は第15条第1項の規定に違反して、一般廃棄物処理施設又は産業廃棄物処理施設を設置した者
　九　不正の手段により第8条第1項又は第15条第1項の許可を受けた者
　十　第9条第1項又は第15条の2の6第1項の規定に違反して、第8条第2項第4号から第7号までに掲げる事項又は第15条第2項第4号から第7号までに掲げる事項を変更した者
　十一　不正の手段により第9条第1項又は第15条の2の6第1項の変更の許可を受けた者
　十二～十六　略

廃棄物処理施設に関する法第25条の違反を因数分解

第25条	誰が	どんなことをしたら	どうなる
八	廃棄物処理施設設置者	無許可で廃棄物処理施設を設置	5年以下の懲役若しくは1,000万円以下の罰金、またはこれの併科
九	廃棄物処理施設設置者	不正の手段により、廃棄物処理施設の設置許可を受けた	

第25条	誰が	どんなことをしたら	どうなる
十	廃棄物処理施設設置者	廃棄物処理施設の許可事項を無許可で変更	5年以下の懲役若しくは1,000万円以下の罰金、またはこれの併科
十一	廃棄物処理施設設置者	不正の手段により、廃棄物処理施設の変更許可を受けた	

　下記の廃棄物処理施設に該当する施設を設置する際には、都道府県知事から設置許可を取得することが義務付けられています。虚偽申請等の不正な手段で設置許可を取得することや、設置許可を取得した後に勝手に施設の種類を変えたりすることも禁止されています。

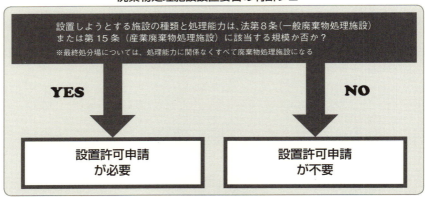

廃棄物処理施設設置要否の判断フロー

【一般廃棄物処理施設（法第八条、施行令第五条）】
- ■ ごみ処理施設
  - ● 1日当たり5t以上の処理能力を持つごみ処理施設
  - ● 1時間当たりの処理能力が200kg以上または火格子面積が2㎡以上の焼却施設
- ■ し尿処理施設
- ■ 一般廃棄物の最終処分場

産業廃棄物処理施設（法第15条、施行令第7条）

施行令第7条		産業廃棄物処理施設の種類	処理能力 ※(いずれかに該当するもの)
中間処理施設	一	汚泥の脱水施設	・10㎥/1日を超えるもの
	二	汚泥の乾燥施設	・10㎥/1日を超えるもの
		汚泥の天日乾燥施設	・100㎥/1日を超えるもの
	三	汚泥（PCB汚染物であるものを除く。）の焼却施設	・5㎥/1日を超えるもの
			・200kg/1時間以上のもの
			・火格子面積2㎡以上のもの
	四	廃油の油水分離施設	・10㎥/1日を超えるもの
	五	廃油（廃PCB等を除く）の焼却施設	・1㎥/1日を超えるもの
			・200kg/1時間以上のもの
			・火格子面積2㎡以上のもの
	六	廃酸又は廃アルカリの中和施設	・50㎥/1日を超えるもの
	七	廃プラスチック類の破砕施設	・5t/1日を超えるもの
	八	廃プラスチック類（PCB汚染物及びPCB処理物であるものを除く）の焼却施設	・100kg/1日を越えるもの
			・火格子面積2㎡以上のもの
	八の二	木くず又はがれき類の破砕施設	・5t/1日を超えるもの
	九	有害物質を含む汚泥のコンクリート固型化施設	・すべての施設
	十	水銀又はその化合物を含む汚泥のばい焼施設	
	十の二	廃水銀等の硫化施設	
	十一	汚泥、廃酸又は廃アルカリに含まれるシアン化合物の分解施設	
	十一の二	廃石綿又は石綿含有産業廃棄物の溶融施設	
	十二	廃PCB等、PCB汚染物又はPCB処理物の焼却施設	
	十二の二	廃PCB又はPCB処理物の分解施設	
	十三	PCB汚染物又はPCB処理物の洗浄施設	
	十三の二	産業廃棄物の焼却施設（3、5、8、12に掲げるものを除く。）	・200kg/1時間以上のもの
			・火格子面積2㎡以上のもの
最終処分場	十四 イ	遮断型（有害な産業廃棄物）	・すべての施設
	十四 ロ	安定型（廃プラスチック類、ゴムくず、金属くず、ガラス・コンクリート・陶磁器くず、がれき類）	
	十四 ハ	管理型（上記イ、ロ以外、汚泥、燃え殻、木くず　等）	

第3章　罰則の取扱い説明書 7【廃棄物処理施設に関する罰則】

103

図 廃棄物処理施設の設置フロー（図は別途添付）

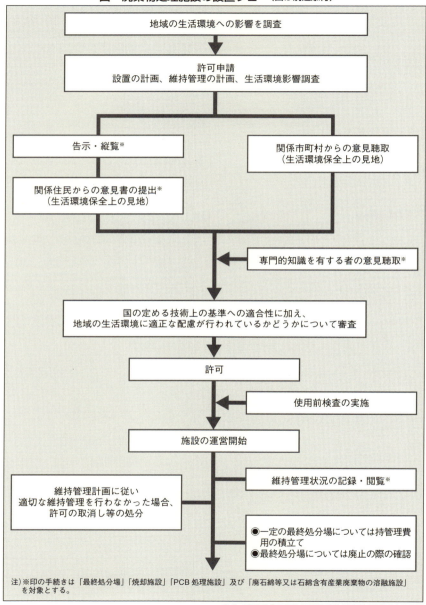

出典：環境省「廃棄物処理施設生活環境影響調査指針」

廃棄物処理施設に関する罰則（第26条関連）

【廃棄物処理法第26条】

　　次の各号のいずれかに該当する者は、3年以下の懲役若しくは300万円以下の罰金に処し、又はこれを併科する。

　一〜二　略

　三　第9条の5第1項（第15条の4において準用する場合を含む）の規定に違反して、一般廃棄物処理施設又は産業廃棄物処理施設を譲り受け、又は借り受けた者

　四〜六　略

【廃棄物処理法第9条の5（一般廃棄物処理施設の譲受け等）】

　　第8条第1項の許可を受けた者（第3項、次条第1項及び第9条の7において「許可施設設置者」という。）から当該許可に係る一般廃棄物処理施設を譲り受け、又は借り受けようとする者は、環境省令で定めるところにより、都道府県知事の許可を受けなければならない。

　2　第8条の2第1項（第三号及び第四号に係る部分に限る）の規定は、前項の許可について準用する。

【廃棄物処理法第8条の2第1項】

　　三　申請者の能力がその一般廃棄物処理施設の設置に関する計画及び維持管理に関する計画に従つて当該一般廃棄物処理施設の設置及び維持管理を的確に、かつ、継続して行うに足りるものとして環境省令で定める基準に適合するものであること。

　　四　申請者が第7条第5項第四号イからヌまでのいずれにも該当しないこと（欠格要件に該当しないこと）。

　3　第1項の許可を受けて一般廃棄物処理施設を譲り受け、又は借り受けた者は、当該一般廃棄物処理施設に係る許可施設設置者の地位を承継する。

　他者が設置した廃棄物処理施設を譲り受け、または借り受ける場合は、あらかじめ都道府県知事から、廃棄物処理施設の譲り受けまたは借り受けの許可を取得しなければなりません。この許可を受けずに、廃棄物処理施設を使用した場合は、「3年以下の懲役、もしくは300万円以下の罰金、またはこれの併科」という刑事罰の適用対象となります。

　廃棄物処理施設の譲り受け、または借り受けの許可申請においては、新たに廃棄物処理施設の設置者となろうとする者が、「維持管理基準を守った管理ができるか」「欠格要件に該当しないか」を都道府県知事によって審査されます。

　また、廃棄物処理施設の設置者が法人の場合で、合併や分割をする場合は、合併や

認可に伴う廃棄物処理施設の承継の認可を、都道府県知事から受けねばなりません。

　廃棄物処理施設の設置者が個人である場合に、設置者である個人が死亡し、相続人が廃棄物処理施設設置者の地位を承継した場合は、相続の日から30日以内に、その旨を都道府県知事に届け出なければなりません。

廃棄物処理施設に関する罰則（第26条関連）

【廃棄物処理法第26条】

　次の各号のいずれかに該当する者は、3年以下の懲役若しくは300万円以下の罰金に処し、又はこれを併科する。

一～二　略

三　第9条の5第1項（第15条の4において準用する場合を含む。）の規定に違反して、一般廃棄物処理施設又は産業廃棄物処理施設を譲り受け、又は借り受けた者

四～六　略

廃棄物処理施設に関する法第29条の違反を因数分解

第29条	誰が	どんなことをしたら	どうなる
一	廃棄物処理施設設置者	欠格要件に該当することになったが、その届出をしなかった	6か月以下の懲役若しくは50万円以下の罰金
二	廃棄物処理施設設置者	廃棄物処理施設の設置許可後、「使用前検査」を受けずに、廃棄物処理施設を使用	
十七	廃棄物処理施設設置者	廃棄物処理施設で事故が発生し、廃棄物や汚水または気体が流出したが、支障の除去または応急的な措置を講じておらず、更に都道府県知事からの措置命令にも違反	

　廃棄物処理施設にも廃棄物処理業と同様の欠格要件があります。欠格要件に該当した廃棄物処理施設設置事業者は、その旨を都道府県知事に届け出なくてはなりません。

　既に廃棄物処理施設の設置フローは掲載済みですが、実際に廃棄物処理施設を使用するためには、「設置許可」を受けるだけではまだ足りません。設置許可取得後に、「使用前検査申請」をし、使用前検査で施設の稼働が問題ないと都道府県から判断されない限り、その施設を使用することができないのです。

106

廃棄物処理施設設置者は、法第21条の2で、廃棄物処理施設で事故が発生し、廃棄物や汚水、気体が飛散流出した場合には、応急措置を講じるとともに、都道府県知事に対し、応急措置の概要を届け出なければならないと定められています。都道府県知事は、必要な応急措置が講じられていないと判断した場合、施設設置者に応急措置を取るように措置命令をかけることができます。その措置命令に違反した場合には、法第29条第十七号の罰則の対象となります。

　事故発生後の対応に関する措置命令の対象となる施設は、施行令第24条及び施行規則第18条によって、次のとおりと定められています。

事故発生後の対応に関する措置命令の対象施設（特定処理施設）

1	一般廃棄物処理施設	法第8条の設置許可の対象施設すべて
2	産業廃棄物処理施設	法第15条の設置許可の対象施設すべて
3	焼却設備が設けられている処理施設	下記のいずれかの条件を満たす施設 ・焼却設備の1時間当たりの処理能力（二以上の焼却設備が設けられている場合は、処理能力の合計）が50kg以上 ・火床面積（二以上の焼却設備が設けられている場合は、火床面積の合計）が0.5㎡以上のもの
4	熱分解設備、乾燥設備、廃プラスチック類の溶融設備、廃プラスチック類の固形燃料化設備またはメタン回収設備が設けられている処理施設	1日当たりの処理能力が1t以上のもの
5	廃油の蒸留設備又は特別管理産業廃棄物である廃酸若しくは廃アルカリの中和設備が設けられている処理施設	1日当たりの処理能力が1㎡以上のもの

　上記のうち、1と2は設置許可が必要な廃棄物処理施設なので、それほど悩むことはありませんが、3～5については、施設の種類によっては、設置許可不要な小規模な施設であっても、必要十分な応急措置を講じていない場合は、措置命令の対象となるケースがあります。

　例えば、産業廃棄物の木くず焼却施設は、「1時間当たり200kg以上」か「火格子面積

2㎡以上の」場合が設置許可の対象ですので、「1時間当たり50kgで、火床面積0.5㎡」の焼却施設は設置許可不要となります。しかし、上記の表の「特定処理施設」には該当しますので、事故発生時には、応急措置を取ることや、都道府県知事への届出が義務付けられています。

廃棄物処理施設に関する罰則（第30条関連）

【廃棄物処理法 第30条】
　次の各号のいずれかに該当する者は、30万円以下の罰金に処する。
　一　略
　二　第7条の2第3項（第14条の2第3項及び第14条の5第3項において準用する場合を含む。）、第9条第3項（第15条の2の6第3項において準用する場合を含む。）若しくは第4項（第15条の2の6第3項において準用する場合を含む。）又は第9条の7第2項（第15条の4において準用する場合を含む。）の規定による届出をせず、又は虚偽の届出をした者
　三　第8条の2の2第1項又は第15条の2の2第1項の規定による検査を拒み、妨げ、又は忌避した者
　四　第8条の4（第9条の10第8項、第15条の2の4及び第15条の4の4第3項において準用する場合を含む。）の規定に違反して、記録せず、若しくは虚偽の記録をし、又は記録を備え置かなかつた者
　五　第12条第8項又は第12条の2第8項の規定に違反して、産業廃棄物処理責任者又は特別管理産業廃棄物管理責任者を置かなかつた者
　六〜八　略
　九　第21条第1項の規定に違反して、技術管理者を置かなかつた者

廃棄物処理施設に関する法第30条の違反を因数分解

第30条	誰が	どんなことをしたら	どうなる
二	廃棄物処理施設設置者	廃棄物処理施設に関する変更届をせず、または虚偽の届出	30万円以下の罰金
三	廃棄物処理施設設置者	定期検査を拒み、妨げ、または忌避	
四	廃棄物処理施設設置者	施設の維持管理記録を作らず、又は虚偽の記録	
五	廃棄物処理施設設置者	事業所に産業廃棄物処理責任者又は特別管理産業廃棄物処理責任者を置かなかった	
九	廃棄物処理施設設置者	施設に技術管理者を置かなかった	

■ 廃棄物処理施設の変更届

　廃棄物処理施設に関して、一定の事項を変更したときは、あるいは廃棄物処理施設を休止したときは、都道府県知事に対し、遅滞なく廃棄物処理施設に関する変更届をしなければなりません。

　変更届が必要となる具体的な変更事項は下記のとおりです。

一般廃棄物処理施設の場合

【廃棄物処理法 第9条第3項 及び 廃棄物処理法 施行規則 第5条の4】
1. ごみ処理施設の処理に伴い生じる一般廃棄物の処分方法
2. し尿処理施設の汚泥等の処分方法
3. 最終処分場の埋立処分の計画及び災害防止のための計画
4. 一般廃棄物の搬入及び搬出の時間及び方法
5. 着工予定年月日及び使用開始予定年月日
6. 許可を受けた個人が未成年者である場合は、その法定代理人
7. 役員
8. 発行済株式総数の5%以上の株主又は出資額の5%以上の額に相当する出資をしている者
9. 政令で定める使用人

産業廃棄物処理施設の場合

【廃棄物処理法 第15条の2の6第3項 及び 廃棄物処理法 施行規則 第12条の10】
1. 焼却施設、または水銀を含む汚泥のばい焼施設の焼却灰等の処分方法
2. 廃油の油水分離施設、廃酸・廃アルカリの中和施設、シアン化合物分解施設の汚泥等の処分方法
3. 廃石綿または石綿含有産業廃棄物の溶融施設の、廃石綿等又は石綿含有産業廃棄物の溶融処理に伴い生じる廃棄物の処分方法
4. 最終処分場の、埋立処分の計画及び災害防止のための計画
5. 産業廃棄物の搬入及び搬出の時間及び方法に関する事項
6. 着工予定年月日及び使用開始予定年月日
7. 許可を受けた個人が未成年者である場合は、その法定代理人
8. 役員
9. 発行済株式総数の5%以上の株主又は出資額の5%以上の額に相当する出資をしている者
10. 政令で定める使用人

その他届出が必要なケース

1. 一般廃棄物最終処分場で埋立処分が終了した場合（埋立終了から30日以内）
2. 産業廃棄物最終処分場で埋立処分が終了した場合（埋立終了から30日以内）
3. 一般廃棄物処理施設設置者が個人で相続があった場合（相続の日から30日以内）
4. 産業廃棄物処理施設設置者が個人で相続があった場合（相続の日から30日以内）

■ 定期検査の受診義務

□ 一般廃棄物処理施設
- 焼却施設
- 最終処分場

□ 産業廃棄物処理施設
- 焼却施設
- 石綿溶融施設
- PCB処理施設
- 最終処分場

　この設置者は、直近の検査を受けた日から5年3ヶ月以内に、廃棄物処理施設に関する都道府県知事の検査を受けなければなりません。

　この定期検査を拒否、妨げ、忌避した場合は、「30万円以下の罰金」の対象となり、万が一実際に罰金が科された場合は、それだけで廃棄物処理施設の欠格要件に該当することになります。

■ 施設の維持管理記録

□ 一般廃棄物処理施設
- 焼却施設
- 最終処分場
- 石綿含有一般廃棄物等の
  無害化処理施設

□ 産業廃棄物処理施設
- 焼却施設
- 石綿溶融施設
- PCB処理施設
- 最終処分場
- 石綿含有産業廃棄物等の
  無害化処理施設

の設置者は、廃棄物処理施設の維持管理記録を作成し、備え置かねばなりません。

「30万円以下の罰金」という直罰の対象となるのは、維持管理記録の不作成や虚偽の記録を作成した場合のみとなります。

上記の廃棄物処理施設の維持管理記録は、インターネット等で公開することが原則とされています。インターネットで情報公開をしなかったとしても、直罰の対象にはなっていないため、すぐ刑事罰が科されるわけではありませんが、改善命令などの対象にはなります。

作成が必要な維持管理の記録の詳細は、一般廃棄物処理施設については廃棄物処理法施行規則第4条の7で、産業廃棄物処理施設については廃棄物処理法施行規則第12条の7の5で規定されています。

■ 技術管理者と産業廃棄物処理責任者の設置

廃棄物処理施設には、施設を適切に維持管理するために、「技術管理者」を設置しなければなりません。技術管理者を設置しなかった場合、「30万円以下の罰金」の対象になります。

（技術管理者）

　第21条　一般廃棄物処理施設（政令で定めるし尿処理施設及び一般廃棄物の最終処分場を除く）の設置者（市町村が第6条の2第1項の規定により一般廃棄物を処分するために設置する一般廃棄物処理施設にあつては、管理者）又は産業廃棄物処理施設（政令で定める産業廃棄物の最終処分場を除く）の設置者は、当該一般廃棄物処理施設又は産業廃棄物処理施設の維持管理に関する技術上の業務を担当させるため、技術管理者を置かなければならない。ただし、自ら技術管理者として管理する一般廃棄物処理施設又は産業廃棄物処理施設については、この限りでない。

　2　技術管理者は、その管理に係る一般廃棄物処理施設又は産業廃棄物処理施設に関して第8条の3第1項又は第15条の2の3第1項に規定する技術上の基準に係る違反が行われないように、当該一般廃棄物処理施設又は産業廃棄物処理施設を維持管理する事務に従事する他の職員を監督しなければならない。

　3　第1項の技術管理者は、環境省令で定める資格を有する者でなければならない。

技術管理者の設置は廃棄物処理法で定められた義務ですが、技術管理者の退職など

111

で新たな技術管理者を設置した場合でも、「廃棄物処理施設軽微変更届」等を提出する必要はありません。ただし、届出の義務はなくとも、技術管理者は廃棄物処理施設に必ず設置しなければならない役職ですので、技術管理者を突然交代させなければいけない事態に備え、平時から資格用件を満たす人材を複数名準備しておくと良いでしょう。

　なお、廃棄物処理施設の設置者が法人ではなく個人である場合は、設置者と別の人間を技術管理者として改めて設置する必要はありません。

　技術管理者には、一定の資格要件がありますので、誰でもすぐに技術管理者になれるわけではありません。

技術管理者の資格要件（廃棄物処理法施行規則第17条）

1. 技術士（化学部門、水道部門又は衛生工学部門）【実務経験不要】
2. 上記以外の技術士【1年以上の廃棄物処理に関する技術上の実務経験が必要】
3. 2年以上環境衛生指導員の職にあった者【実務経験不要】
4. 大学において理学、薬学、工学、農学の課程で衛生工学もしくは化学工学に関する科目を修めて卒業した者【2年以上の廃棄物処理に関する技術上の実務経験が必要】
5. 大学において理学、薬学、工学、農学もしくはこれらに相当する課程で衛生工学もしくは化学工学に関する科目以外の科目を修めて卒業した者【3年以上の廃棄物処理に関する技術上の実務経験が必要】
6. 短期大学もしくは高等専門学校において理学、薬学、工学、農学もしくはこれらに相当する課程で衛生工学もしくは化学工学に関する科目以外の科目を修めて卒業した者【5年以上の廃棄物処理に関する技術上の実務経験が必要】
7. 高等学校において土木科、化学科もしくはこれらに相当する学科を修めて卒業した者【6年以上の廃棄物処理に関する技術上の実務経験が必要】
8. 高等学校において理学、工学、農学もしくはこれらに相当する科目を修めて卒業した者【7年以上の廃棄物処理に関する技術上の実務経験が必要】
9. 10年以上、廃棄物の処理に関する技術上の実務に従事した者
10. 上記と同等以上の知識及び技能を有すると認められる者

　排出事業者が設置する産業廃棄物処理施設の場合は、技術管理者の他にも、産業廃棄物処理責任者を設置しなければなりません（廃棄物処理法第12条第8項）。

　産業廃棄物処理責任者の職務は、産業廃棄物の処理が適切に行われるよう、事業場

における産業廃棄物処理業務を指揮監督することです。

　産業廃棄物処理責任者には資格要件などが特にありませんので、産業廃棄物処理施設設置事業者の任意で選任することが可能です。

　罰則の対象にならないために、廃棄物処理施設設置事業者が留意すべき点をまとめると、

---

①適切に設置許可や変更許可を取得すること
- 変更許可が必要なのか、軽微変更届で済むのかを理解しておくことが必要

②欠格要件には細心の注意を払い、絶対に該当しないようにすること
- 欠格要件に該当した時点で、設置許可が取消されるので廃棄物処理施設の使用ができなくなってしまう

③廃棄物処理施設で事故が発生した際には、迅速に応急措置を講じ、都道府県知事に措置内容の届出をすること
- 事故が起こってから慌てるのではなく、平常時から事故の発生を想定した訓練を行い、行動マニュアルを作ることも必要

④技術管理者や産業廃棄物処理責任者を必ず設置すること
- 廃棄物処理施設は事故が起こってはいけない施設なので、技術管理者や産業廃棄物処理責任者の指揮監督の下、常に安全な操業を徹底する

という4点になります。

　その他、焼却施設や最終処分場などの場合は、「定期検査の受診」や「施設の維持管理記録の作成」等の義務があります。

　廃棄物処理施設は簡単には設置できない施設ですが、設置後も色々な義務がかかってくる施設ですので、罰則を通じて、施設設置事業者がやらなくてはいけないことの全体像を把握し、必要な手続きを漏れなく実行するように注意をしましょう。

第3章

■発生頻度 ★★★☆☆　■現実的な影響度 ★★★★★

8 欠格要件

事例から学ぶ　欠格要件への対処法

：産業廃棄物処理企業のI社長

当社は零細企業ですので、私の父親の弟、つまり私にとっては叔父にあたる人（枯木咲太郎氏、64歳）を節税対策のために名目上の役員にしているんです。

名目上の役員ですから、会社に出勤なんてしませんし、当社が何の事業をしているのかさえ叔父は知りません。

このたび、産業廃棄物収集運搬業の許可の有効期間の満了日が近づいてきたため、叔父を含めた全役員の住民票などを取り寄せて、更新許可申請をしたんです。すると、申請先の役所から、「枯木咲太郎氏は、1年前に酒酔い運転の罪で執行猶予付きの懲役刑が確定している。そのため、貴社の廃棄物処理業の許可を取消した」と紙切れ一枚が送られてきたんです。

叔父が殺人事件でも起こしたならともかく、酒酔い運転ですから、当社の事業とはまったく無関係の叔父の個人的犯罪です。それに、執行猶予が付けられている以上、叔父は刑務所に入っているわけではなく、普通の生活を送っています。

会社とは無関係な人間の個人的犯罪で許可を取消されてしまうなんて理不尽すぎます！こんなことが法治国家で許されても良いのでしょうか！？

A：社長の理不尽だというお気持ちはよくわかります…

しかし、2003年の法律改正により、「都道府県知事は処理業者が欠格要件に該当した場合は、必ず産業廃棄物処理業の許可を取消さなければならない」と規定されたため、社長の会社の役員である枯木氏が欠格者になった以上、会社の許可取消を免れ

罰則以上に恐ろしい欠格要件、役員の人選は慎重に！

ることができないんです。

　さらに大変なのは、会社の許可が取消されたため、I社長も欠格者になってしまったので、I社長はこれから5年間は廃棄物処理業者の役員になることはできなくなりました…

　名目上の役員とは言え、欠格要件の対象であることには違いがありませんので、5年後に会社を立ち上げるときは、会社の経営に携わる人のみを役員にするようにしましょうね…

■ 欠格要件とは

　欠格要件とは、廃棄物処理業を営むのに、あるいは廃棄物処理施設の設置事業者としてふさわしくない人・企業の条件のことです。

　許可申請をしたときには問題がなかった場合でも、後日役員等が欠格要件に該当すると、その時から廃棄物処理業を営むことが適当ではなくなりますので、欠格要件に該当した時点から廃棄物処理業の許可を取消されることになります。

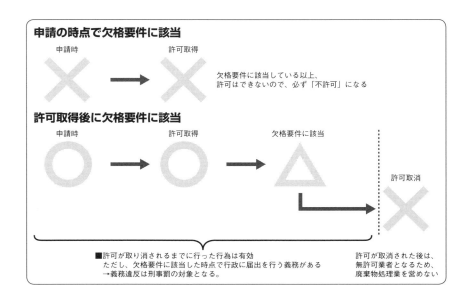

このように、欠格要件は非常に強力な行政処分のきっかけとなるものですので、欠格要件になる具体的な対象や条件が廃棄物処理法第7条第5項第四号及び第14条第5項第二号で限定列挙されています。

一般廃棄物処理業及び一般廃棄物処理施設設置者の欠格要件

【廃棄物処理法第7条第5項第四号】

イ. 成年被後見人若しくは被保佐人又は破産者で復権を得ないもの

ロ. 禁錮、懲役、死刑に処せられ、その執行を終わってから、または執行を受けることがなくなってから、5年を経過しない者

ハ. 下記の法律違反により、罰金に処せられ、その執行を終わってから、又は執行を受けることがなくなってから、5年を経過しない者

「廃棄物処理法」「浄化槽法」「大気汚染防止法」「騒音規制法」「海洋汚染及び海上災害の防止に関する法律」「水質汚濁防止法」「悪臭防止法」「振動規制法」「特定有害廃棄物等の輸出入等の規制に関する法律」「ダイオキシン類対策特別措置法」「ポリ塩化ビフェニル廃棄物の適正な処理の推進に関する特別措置法」「暴力団員による不当な行為の防止等に関する法律」「暴力行為等処罰ニ関スル法律」

刑法傷害罪（第204条）、傷害助勢罪（第206条）、暴行罪（第208条）、凶器準備集合・集結罪（第208条の3）、脅迫罪（第222条）、第247条（背任罪）

ニ.「廃棄物処理法」又は「浄化槽法」に違反したため、許可を取消されてから5年を経過していない者

　法人の場合は、取消しの処分に関する行政手続法上の通知（聴聞手続）の日より、60日前以内に、その法人の役員（業務を執行する社員、取締役、執行役又はこれらに準ずる者をいい、相談役、顧問その他いかなる名称を有する者であるかを問わず、法人に対し業務を執行する社員、取締役、執行役又はこれらに準ずると同等以上の支配力を有するものと認められる者を含む）であった者で、かつ取消しの日から5年を経過していない者がいるとき（ただし、取消の原因が、上記の「ロ」や「ハ」等に該当する悪質性が高い許可取消原因に限定される）

※悪質性が高い許可取消原因については、下記の条文で規定

● 法第7条の4第1項（第四号を除く。）

● 法第7条の4第2項

● 法第14条の3の2第1項（第四号を除く。）

● 法第14条の3の2第2項（これらの規定を法第14条の6において読み替えて準用する場合を含む。）

ホ. 過去に許可を受けていたが、「廃棄物処理法」又は「浄化槽法」の許可の取消処分の通知を

受けてから、取消し処分を受けるまでの間に、「廃止届」を提出し、それから5年を経過していないもの

ヘ.「ホ」の通知（聴聞手続）の日より、60日前以内に法人の役員もしくは政令使用人であった者または個人の政令使用人であった者で、当該届出の日から5年を経過しない者

ト.その業務に関し不正または不誠実な行為をするおそれがあると認めるに足りる相当の理由がある者

チ.営業に関し成年者と同一の行為能力を有しない未成年者でその法定代理人が「イ」から「ト」までのいずれかに該当するもの

リ.法人の役員または政令使用人のうちに「イ」から「ト」までのいずれかに該当する者のあるもの

ヌ.個人の政令使用人のうちに「イ」から「ト」までのいずれかに該当する者のあるもの

産業廃棄物処理業及び産業廃棄物処理施設設置者の欠格要件

【廃棄物処理法第14条第5項第二号】

イ.第7条第5項第四号イからトまでのいずれかに該当する者

【第7条第5項第四号】

イ.成年被後見人若しくは被保佐人又は破産者で復権を得ないもの

ロ.禁錮、懲役、死刑に処せられ、その執行を終わってから、または執行を受けることがなくなってから、5年を経過しない者

ハ.下記の法律違反により、罰金に処せられ、その執行を終わってから、又は執行を受けることがなくなってから、5年を経過しない者

> 「廃棄物処理法」「浄化槽法」その他の環境保全法令
> 「暴力団員による不当な行為の防止等に関する法律」「暴力行為等処罰ニ関スル法律」刑法傷害罪（第204条）、傷害助勢罪（第206条）、暴行罪（第208条）、凶器準備集合・結集罪（第208条の3）、脅迫罪（第222条）、第247条（背任罪）

ニ.「廃棄物処理法」又は「浄化槽法」に違反したため、許可を取消されてから5年を経過していない者

法人の場合は、取消しの処分に関する行政手続法上の通知（聴聞手続）の日より、60日前以内に、その法人の役員であった者で、かつ取消しの日から5年を経過していない者がいるとき（ただし、取消の原因が、上記の「ロ」や「ハ」等に該当する悪質性が高い許可取消原因に限定される）

※悪質性が高い許可取消原因については、下記の条文で規定

- 法第7条の4第1項（第四号を除く。）
- 法第7条の4第2項
- 法第14条の3の2第1項（第四号を除く。）
- 法第14条の3の2第2項（これらの規定を法第14条の6において読み替えて準用する場合を含む。）

ホ.過去に許可を受けていたが、「廃棄物処理法」又は「浄化槽法」の許可の取消処分の通知を受けてから、取消し処分を受けるまでの間に、「廃止届」を提出し、それから5年を経過していないもの

ヘ.「ホ」の通知（聴聞手続）の日より、60日前以内に法人の役員もしくは政令使用人であった者または個人の政令使用人であった者で、当該届出の日から5年を経過しない者

ト.その業務に関し不正または不誠実な行為をするおそれがあると認めるに足りる相当の理由がある者

ロ.暴力団員による不当な行為の防止等に関する法律に規定する暴力団員、または暴力団員でなくなった日から5年を経過しない者

ハ.営業に関し成年者と同一の行為能力を有しない未成年者でその法定代理人が「イ」または「ロ」のいずれかに該当するもの

ニ.法人の役員又は政令使用人のうちに「イ」または「ロ」のいずれかに該当する者のあるもの

ホ.個人の政令使用人のうちに「イ」または「ロ」のいずれかに該当する者のあるもの

ヘ.暴力団員等がその事業活動を支配する者

　産業廃棄物処理業等に関する欠格要件は、一般廃棄物処理業に関する欠格要件をベースとしながら、「暴力団関係者」を欠格要件の対象としています。

　産業廃棄物処理業の場合は、産業廃棄物処理業に関して不法行為を一切していない場合でも、「役員等が暴力団員である」という理由だけで欠格要件となりますので、素性をよく知らない人や疎遠な親族を安易に役員にしない等、役員の人選は慎重に行いましょう。

一般廃棄物処理業の許可が必ず取消される条件

【廃棄物処理法第7条の4】
　　市町村長が"必ず"一般廃棄物収集運搬業者または一般廃棄物処分業者の許可を取り消さなければならないケース

1. 第7条第5項第四号ロ若しくはハ (第25条から第27条まで若しくは第32条第1項 (第25条から第27条までの規定に係る部分に限る。) の規定により、または暴力団員による不当な行為の防止等に関する法律に違反し、刑に処せられたことによる場合に限る。) または同号トに該当するに至つたとき。

> ロ. 禁錮、懲役、死刑に処せられ、その執行を終わってから、または執行を受けることがなくなってから、5年を経過しない者
>
> ハ.「廃棄物処理法」(第25条から第27条まで若しくは第32条第1項【第25条から第27条までの規定に係る部分のみ】) 違反、または「暴力団員による不当な行為の防止等に関する法律」違反により、罰金に処せられ、その執行を終わってから、又は執行を受けることがなくなってから、5年を経過しない者

2. 第7条第5項第四号チからヌまで (同号ロ若しくはハ (第25条から第27条までの規定により、又は暴力団員による不当な行為の防止等に関する法律に違反し、刑に処せられたことによる場合に限る。) または同号トに係るものに限る。) のいずれかに該当するに至つたとき。

> チ. 未成年者の法定代理人が欠格要件に該当するもの
> リ. 法人の役員または政令使用人のうちに欠格要件に該当する者のあるもの
> ヌ. 個人の政令使用人のうちに欠格要件に該当する者のあるもの
> ※ただし、下記の「ロ」から「ト」に該当する場合に限定される。
>
> > ● 「ロ. 禁錮、懲役、死刑に処せられ、その執行を終わってから、または執行を受けることがなくなってから、5年を経過しない者」
> > ● 「ハ. 廃棄物処理法第25条から第27条まで若しくは第32条第1項 (第25条から第27条までの規定に係る部分のみ) 違反、または「暴力団員による不当な行為の防止等に関する法律」違反の罰金」
> > ● 「ト. その業務に関し不正または不誠実な行為をするおそれがあると認めるに足りる相当の理由がある者」

3. 第7条第5項第四号チからヌまで (同号ニに係るものに限る。) のいずれかに該当するに至つたとき。

> チ. 未成年者の法定代理人が欠格要件に該当するもの
> リ. 法人の役員または政令使用人のうちに欠格要件に該当する者のあるもの
> ヌ. 個人の政令使用人のうちに欠格要件に該当する者のあるもの
> ※ただし、下記に該当する場合に限定される。
>
> > ニ.「廃棄物処理法」又は「浄化槽法」に違反したため、許可を取消されてから5年を経過していない

法人の場合は、取消しの処分に関する通知の日より、60日前以内に、その法
　　　人の役員であった者で、かつ取消しの日から5年を経過していない者がいるとき
　　　（取消の原因が悪質性の高いケースのみに限定される）

4.第7条第5項第四号イからへまでまたはチからヌまでのいずれかに該当するに至ったとき（前
　三号に該当する場合を除く。）
　　注：「4」は、第7条第5項第四号で定める欠格要件のうち、「1」から「3」までで除外されていた残り
　　　の要件を、許可取消の対象として改めて明記していることになる。

5.第7条の3第一号に該当し情状が特に重いとき、または第7条の3（事業の停止命令）の規定
　による処分に違反したとき。

【廃棄物処理法第7条の3第一号】

　　この法律若しくはこの法律に基づく処分に違反する行為（以下「違反行為」という。）
　をしたとき、又は他人に対して違反行為をすることを要求し、依頼し、若しくは唆し、
　若しくは他人が違反行為をすることを助けたとき。

6.不正の手段により一般廃棄物処理業に関する許可を受けたとき。

　これが、市町村長が必ず一般廃棄物処理業の許可を取消さなければならない条件です。
　言い換えると、上記の6条件のどれか1つに当てはまった場合には、市町村長は必ず
一般廃棄物処理業の許可を取消さなければならず、取消すか取消さないかに裁量を挟
む余地はありません。

●市町村長に一般廃棄物処理業に関する取消の裁量権があるケース
　こちらは、取消すか取消さないかは市町村長に裁量が許される条件です。

《許可の取消し》【第7条の4】

2.市町村長は、一般廃棄物収集運搬業者又は一般廃棄物処分業者が前条第二号又は第三号の
　いずれかに該当するときは、その許可を取り消すことができる。

《事業の停止》【第7条の3】

　　市町村長は、一般廃棄物収集運搬業者又は一般廃棄物処分業者が次の各号のいず
　れかに該当するときは、期間を定めてその事業の全部又は一部の停止を命ずることが
　できる。

一　略

　二　その者の事業の用に供する施設又はその者の能力が第7条第5項第三号又は第10項第三号に規定する基準に適合しなくなつたとき。

　三　第7条第11項の規定により当該許可に付した条件に違反したとき。

一般廃棄物処理施設の設置許可が必ず取消される条件

【廃棄物処理法第9条の2の2】

　1.第8条第1項の許可を受けた者が第7条第5項第四号イからヌまでのいずれかに該当するに至つたとき。

　　「第7条第5項第四号イからヌまで」とは、一般廃棄物処理業の欠格要件のこと

　2.第9条の2第1項第三号に該当し情状が特に重いとき、又は同項の規定による処分（改善命令）に違反したとき。

　　【廃棄物処理法第9条の2第1項第三号】
　　　違反行為をしたとき、又は他人に対して違反行為をすることを要求し、依頼し、若しくは唆し、若しくは他人が違反行為をすることを助けたとき。

　3.不正の手段により一般廃棄物処理施設の設置許可または変更許可を受けたとき。

●都道府県知事に一般廃棄物処理施設の設置許可に関する取消の裁量権があるケース

【廃棄物処理法第9条の2の2第2項】

　1.一般廃棄物処理施設の構造またはその維持管理が技術上の基準または維持管理計画に適合していないと認めるとき。

　2.設置許可を受けた者の能力が第8条の2第1項第三号に規定する許可基準に適合していないと認めるとき。

　　【廃棄物処理法施行規則第4条の2の2】
　　（一般廃棄物処理施設を設置しようとする者の能力の基準）
　　　法第8条の2第1項第三号（法第9条第2項、第9条の5第2項（法第15条の4におい

て読み替えて準用する場合を含む。）及び第9条の6第2項（法第15条の4において読み替えて準用する場合を含む。）において準用する場合を含む。）の環境省令で定める基準は、次のとおりとする。

　一　一般廃棄物処理施設の設置及び維持管理を的確に行うに足りる知識及び技能を有すること。
　二　一般廃棄物処理施設の設置及び維持管理を的確に、かつ、継続して行うに足りる経理的基礎を有すること。

3.設置許可を受けた者が許可に付された条件に違反したとき。
4.一般廃棄物最終処分場の設置者が維持管理積立金の積立てをしていないとき

産業廃棄物処理業の許可が必ず取消される条件

【廃棄物処理法第14条の3の2】
1.禁錮、懲役、死刑に処せられ、その執行を終わってから、または執行を受けることがなくなってから、5年を経過しない者がいる
2.「廃棄物処理法」（第25条から第27条まで若しくは第32条第1項【第25条から第27条までの規定に係る部分のみ】違反、または「暴力団員による不当な行為の防止等に関する法律」違反により、罰金に処せられ、その執行を終わってから、又は執行を受けることがなくなってから、5年を経過しない者がいる
3.その業務に関し不正または不誠実な行為をするおそれがあると認めるに足りる相当の理由がある者がいる
4.暴力団員による不当な行為の防止等に関する法律に規定する暴力団員、または暴力団員でなくなった日から5年を経過しない者がいる
5.暴力団員等がその事業活動を支配する者がいる
6.未成年者の法定代理人、法人の役員または政令使用人、個人の政令使用人のうちに禁錮、懲役、死刑に処せられ、その執行を終わってから、または執行を受けることがなくなってから、5年を経過しない者がいる
7.未成年者の法定代理人、法人の役員または政令使用人、個人の政令使用人のうちに「廃棄物処理法」（第25条から第27条まで若しくは第32条第1項【第25条から第27条までの規定に係る部分のみ】）違反、または「暴力団員による不当な行為の防止等に関する法律」違反により、罰金に処せられ、その執行を終わってから、又は執行を受けることがなくなってから、5年を経過しない者がいる
8.未成年者の法定代理人、法人の役員または政令使用人、個人の政令使用人のうちに、廃棄物処理業務に関して不正または不誠実な行為をするおそれがあると認めるに足りる相当の

理由がある者がいる

9. 未成年者の法定代理人、法人の役員または政令使用人、個人の政令使用人のうちに、暴力団員、または暴力団員でなくなった日から5年を経過しない者がいる

10. 未成年者の法定代理人、法人の役員または政令使用人、個人の政令使用人のうちに、「廃棄物処理法」又は「浄化槽法」に違反したため、許可を取消されてから5年を経過していない者、あるいは取消しの処分に関する通知の日より、60日前以内に、その法人の役員であった者で、かつ取消しの日から5年を経過していない者がいる（許可取消の原因が悪質性の高いケースのみに限定）

11. 「1」から「10」に記載したもの以外の欠格要件に該当した者がいる

12. 法第14条の3第一号に該当し情状が特に重いとき、又は第14条の3の規定による処分（事業の停止処分）に違反したとき。

【法第14条の3第一号】

　違反行為をしたとき、又は他人に対して違反行為をすることを要求し、依頼し、若しくは唆し、若しくは他人が違反行為をすることを助けたとき。

---

13. 不正の手段により、産業廃棄物処理業に関する許可を受けたとき。

●都道府県知事に産業廃棄物処理業に関する取消の裁量権があるケース

　こちらは、取消すか取消さないかは都道府県知事に裁量が許される条件です。

《許可の取消し》【第14条の3の2】

　2　都道府県知事は、産業廃棄物収集運搬業者又は産業廃棄物処分業者が前条（14条の3）第二号又は第三号のいずれかに該当するときは、その許可を取り消すことができる。

《事業の停止》【第14条の3】

　都道府県知事は、産業廃棄物収集運搬業者又は産業廃棄物処分業者が次の各号のいずれかに該当するときは、期間を定めてその事業の全部又は一部の停止を命ずることができる。

　一　略

　二　その者の事業の用に供する施設又はその者の能力が第14条第5項第一号又は第10項第一号に規定する基準に適合しなくなったとき。

　三　第14条第11項の規定により当該許可に付した条件に違反したとき。

産業廃棄物処理施設の設置許可が必ず取消される条件

【廃棄物処理法第15条の3】

1. 産業廃棄物処理施設の設置者が第14条第5項第二号イからへまでのいずれかに該当するに至つたとき。

「第14条第5項第二号イからへ」とは、産業廃棄物処理業の欠格要件のこと

2. 第15条の2の7第三号に該当し情状が特に重いとき、又は同条の規定による処分に違反したとき。

【廃棄物処理法第15条の2の7第三号】

産業廃棄物処理施設の設置者が違反行為をしたとき、又は他人に対して違反行為をすることを要求し、依頼し、若しくは唆し、若しくは他人が違反行為をすることを助けたとき。

3. 不正の手段により、産業廃棄物処理施設の設置許可または変更許可を受けたとき。

● 都道府県知事に産業廃棄物処理施設の設置許可に関する取消の裁量権があるケース

【廃棄物処理法第15条の3第2項】

1. 産業廃棄物処理施設の構造またはその維持管理が技術上の基準または維持管理計画に適合していないと認めるとき。

2. 設置許可を受けた者の能力が第15条の2第1項第三号に規定する許可基準に適合していないと認めるとき。

- 産業廃棄物処理施設の設置及び維持管理を的確に行うに足りる知識及び技能を有すること。
- 産業廃棄物処理施設の設置及び維持管理を的確に、かつ、継続して行うに足りる経理的基礎を有すること。

3. 設置許可を受けた者が許可に付された条件に違反したとき。

4. 産業廃棄物最終処分場の設置者が維持管理積立金の積立てをしていないとき

■ 欠格要件に対する具体的な注意点

廃棄物処理企業の場合、まずは株主、役員の全員が犯罪をしないようにするのが基

本です。意図的に犯罪を起こそうと思う人はほとんどいませんので、本当に注意すべき は、「社会常識と自分の認識のずれ」に気づくことです。

　飲酒運転が厳罰化されてから、飲酒運転の件数やそれに伴う交通事故が減少してい ますが、いまだに飲酒運転をする人がいます。本項の例で取り上げたように、「今まで 飲酒運転をしても大丈夫だったから」という思い込みで飲酒運転をすると、場合によっ ては懲役刑の対象となり、欠格要件に該当することがあります。

　会社で常に顔を突き合わせる役員や政令使用人の場合なら、数日間連続でその人の 顔を見なければ、「何かあったのか？」と疑問に思い、出社後に事情を聞くことができる かもしれませんが、「名目だけの役員」や「遠くに住んでいる株主」などの場合、日常的 に顔を合わせているわけではないため、これまた本項の例のように、気付いたときには 欠格者となってしまっており、まったくのプライベート上の犯罪で会社の業許可まで取 消されることがある、ということを現実として受け止める必要があります。

　廃棄物処理企業においては、「名目上の役員や株主」という人の存在が、大きなリス クになりますので、極力、そのような名目上の存在の人を置かないようにしなければな りません。

　最後に、産業廃棄物処理業の場合は、暴力団関係者がいるだけで欠格要件になって しまいますので、役員や株主に暴力団関係者を入れないのは当然ですが、出資を第三 者から受ける場合には、その出資者が暴力団関係者でないことを確認することが必要で す。

欠格要件への対処方針

１．暴力団関係者とは関わるな
２．役員、株主、政令使用人は絶対に犯罪をするな
３．名目上の役員や株主を放置せず、速やかに会社からご退場願うこと

特に注意しておきたい欠格要件

■ 自動車運転過失致死傷罪

　2007年の刑法改正により、自動車運転過失致死傷罪 (7年以下の懲役もしくは禁錮 または100万円以下の罰金) という刑事罰が創設されました。自動車運転過失致死傷 罪の怖い点は、事故の寸前まで普通の生活をしていた人が、一瞬の不注意によって突

125

然犯罪者になってしまうということです。

　法務省が毎年公表している犯罪白書によると、2016年の自動車運転過失致死傷罪の検挙件数は487,490件と非常に多く発生しています。

　自動車運転過失致死傷罪の場合、人の死傷という重い結果を受け、罰金刑のみで済まされることはほとんどなく、初犯でも執行猶予付きの禁錮刑や懲役刑が科されることがあります。そうなった場合には、廃棄物処理業の欠格要件に該当することとなりますが、執行猶予付き判決で油断をしたのか、欠格者であるにもかかわらず業の更新申請をしてしまい、行政から廃棄物処理業の許可が取消されるというケースが増えています。

　禁錮または懲役刑に処せられると、原因がどんな犯罪であろうとも、すべて産業廃棄物処理業の欠格者となってしまいます。執行猶予付き判決を得られたとしても、執行猶予期間中は依然として欠格者のままです。そのため、ある人が、禁錮刑や懲役刑が科された時点で産業廃棄物処理企業の役員だった場合、その人が役員を務める会社の業許可はすべて取消されることとなります。

■ 廃棄物処理法違反

　廃棄物処理法違反の刑事罰が確定した時点をもって業許可を取消すというのが、一般的な行政処分の方法でしたが、最近は刑事罰の確定を待たずに、廃棄物処理法違反という事実だけで業許可の取消を行う自治体が増えています。

　そのようなケースでよく見られる取消原因は、廃棄物の「野外焼却」や「不法投棄」の2つです。いずれの違反も、悪質な廃棄物処理法違反に該当しますので、裁判の確定を待たずに、欠格要件に該当する可能性があることに注意が必要です。

　なぜ刑事罰の確定を待たずに業許可の取消ができるかというと、

【廃棄物処理法 第14条の3の2 第5項】
　　都道府県知事は、産業廃棄物処理業者が「法第14条の3第一号に該当し情状が特に重いとき」は、その許可を取り消さねばならない

　　【法 第14条の3第一号】
　　　違反行為をしたとき、又は他人に対して違反行為をすることを要求し、依頼し、若しくは唆し、若しくは他人が違反行為をすることを助けたとき。

と規定されているからです。

　「情状が重いとき」と書かれているため、その違反が重いか軽いかを行政が判断し、行政が重いと判断した場合は許可が取消され、違反であるが重くはないと判断した場合は許可取消以外の行政処分が下されることになります。

　その他、マニフェストの「虚偽記載」や「虚偽運用」に対し、業の全部停止処分などの行政処分を科す自治体も増えています。

　中間処理業者においては、厳密な「中間処理終了年月日」を特定するのが少し難しいため、産業廃棄物の受入れ時に、実際には中間処理が終わっていないにもかかわらず、受入日を中間処理終了年月日として記載し、マニフェストをその場で収集運搬業者に返却している企業が多いと思われます。10年以上前ならこのような違反に対して、口頭で是正指導をするだけで済ませていた自治体がほとんどでしたが、最近は文書による改善指示や改善命令、違反が悪質と判断された場合は「事業の全部停止処分」などが下されることが多くなっています。その他、本来はあってはならない違反ですが、「無許可業者へ産業廃棄物処理委託をした」という理由で、中間処理業者に対し事業の全部停止処分などが下された実例があります。

第3章

9 その他の罰則

不法投棄

■発生頻度　　★★★★☆
■罰則の重さ　★★★★★

> **【第16条】**
> 　何人も、みだりに廃棄物を捨ててはならない。
>
> **【第25条】**
> 　次の各号のいずれかに該当する者は、5年以下の懲役若しくは1000万円以下の罰金に処し、又はこれを併科する。
> 　十四　第16条の規定に違反して、廃棄物を捨てた者
> 　2　前項第十二号、第十四号及び第十五号の罪の未遂は、罰する。
>
> **【第26条】**
> 　次の各号のいずれかに該当する者は、3年以下の懲役若しくは300万円以下の罰金に処し、又はこれを併科する。
> 　六　　前条第1項第十四号又は第十五号の罪を犯す目的で廃棄物の収集又は運搬をした者

　「みだりに」とは、正当な許可なく物事を行うことです。廃棄物を捨てるための許可というものは現在の廃棄物処理法にはありませんので、「みだりに」が問題となることは事実上ありません。むしろ現実的には、いかなる行為が「捨てる」に当たるかどうかの方が重要です。

　道路や空き地に廃棄物を捨てることが不法投棄に該当するのは当然ですが、自分の土地に穴を掘って廃棄物を埋めることを予定して、穴の脇に廃棄物を大量に野積みした行為が不法投棄罪に当たると判断された事例があります（2006年2月20日第二小法廷決定）。

　その他、生活系一般廃棄物の回収場所に産業廃棄物を出すという場合も、産業廃棄物の回収場所ではないところに産業廃棄物を放置することになりますので、不法投棄罪に該当します。

廃棄物処理法第25条第1項第十四号により、不法投棄の未遂も罰則の対象になっています。

「未遂」とは、犯罪の実行に着手したが犯罪を遂げなかった場合です。不法投棄の未遂と断定されるためには、少なくとも犯罪の実行に着手する必要がありますが、その犯罪の着手時期について、環境省は次のように例示しています。

2003年11月28日付環廃対発031128003・環廃産発031128007号

> 不法投棄の罪については、廃棄物を不法投棄場所に定着させるべく、身体、道具又は機械等を用いて、廃棄物を投げる、置く、埋める又は落とす等の行為に着手した時点で、不法投棄の実行の着手があったものとして、不法投棄未遂罪に該当するものと考えられること。
> 具体的な行為類型としては、ダンプカーの荷台操作等の一連の投棄行為を始めた直後に、警察官等に制止された場合、監視に気付いて行為を打ち切った場合、ダンプカーが故障し廃棄物を投下できなかった場合等が考えられること。

不法投棄については、不法投棄を行う目的で廃棄物の収集運搬をすると、廃棄物処理法第26条により「3年以下の懲役、もしくは300万円以下の罰金」の適用対象になります。

実行に着手せずとも、不法投棄目的で廃棄物を運搬するだけで刑事罰の対象になるということです。

不法焼却

■発生頻度　★★☆☆☆
■罰則の重さ　★★★★★

不法焼却については、2000年の廃棄物処理法改正以前は直罰の対象となっていなかったため、改善命令をかけた後でしか取り締まることができませんでした。そのため、その場で焼却を中止すれば、それ以上改善命令をかけることができず、また別の機会に不法焼却をされると再度改善命令をかけて、行為の是正を求めるといういたちごっこの繰り返しになっていました。

しかし、2000年の法改正以後は、不法焼却は直罰の対象となり、警察がその場で取り締まることが可能になりました。

【廃棄物処理法 第16条の2】

何人も、次に掲げる方法による場合を除き、廃棄物を焼却してはならない。

一　一般廃棄物処理基準、特別管理一般廃棄物処理基準、産業廃棄物処理基準又は特別管理産業廃棄物処理基準に従つて行う廃棄物の焼却

二　他の法令又はこれに基づく処分により行う廃棄物の焼却

三　公益上若しくは社会の慣習上やむを得ない廃棄物の焼却又は周辺地域の生活環境に与える影響が軽微である廃棄物の焼却として政令で定めるもの

> **【廃棄物処理法施行令 第14条】**（焼却禁止の例外となる廃棄物の焼却）
>
> 法第16条の2第三号 の政令で定める廃棄物の焼却は、次のとおりとする。
>
> 一　国又は地方公共団体がその施設の管理を行うために必要な廃棄物の焼却
>
> 二　震災、風水害、火災、凍霜害その他の災害の予防、応急対策又は復旧のために必要な廃棄物の焼却
>
> 三　風俗慣習上又は宗教上の行事を行うために必要な廃棄物の焼却
>
> 四　農業、林業又は漁業を営むためにやむを得ないものとして行われる廃棄物の焼却
>
> 五　たき火その他日常生活を営む上で通常行われる廃棄物の焼却であつて軽微なもの

【廃棄物処理法 第25条】

次の各号のいずれかに該当する者は、5年以下の懲役若しくは1000万円以下の罰金に処し、又はこれを併科する。

十五　第16条の2の規定に違反して、廃棄物を焼却した者

2　前項第十二号、第十四号及び第十五号の罪の未遂は、罰する。

【廃棄物処理法 第26条】

次の各号のいずれかに該当する者は、3年以下の懲役若しくは300万円以下の罰金に処し、又はこれを併科する。

六　前条第1項第十四号又は第十五号の罪を犯す目的で廃棄物の収集又は運搬をした者

不法焼却の未遂と、不法焼却目的で廃棄物を運搬する行為については、不法投棄の

同様の罰則になりますので詳細の解説は省略し、ここでは、どんな行為が不法焼却に当たるかを解説します。

◉**廃棄物処理基準に基づかない焼却**

➡廃棄物処理基準は廃棄物を処理する者、すなわち排出事業者や廃棄物処理業者のみに該当する基準ですが、不法焼却については、廃棄物処理基準が適用される者の制限はなく、廃棄物処理基準に適合しない焼却はすべて違法となります。

◉**他の法令またはこれに基づく処分**

➡不法焼却とはされない他法令に基づく焼却としては、「家畜伝染病予防法」に基づく患畜又は擬似患畜の死体の焼却、「森林病害虫等防除法」による駆除命令に基づく森林病害虫の付着している枝条又は樹皮の焼却などがあります。

◉**国または地方公共団体がその施設の管理を行うために必要な焼却**

➡河川管理を行うために伐採した草木等の焼却、海岸の管理を行うための漂着物等の焼却など。

◉**震災、風水害、火災、凍霜害その他の災害の予防、応急対策又は復旧のために必要な廃棄物の焼却**

➡凍霜害防止のための稲わらの焼却、災害時における木くず等の焼却、道路管理のために剪定した枝条等の焼却など。

◉**風俗慣習上または宗教上の行事を行うために必要な廃棄物の焼却**

➡どんと焼き等の地域の行事における不要となった門松、しめ縄等の焼却など。

◉**農業、林業または漁業を営むためにやむを得ないものとして行われる廃棄物の焼却**

➡稲わら、伐採した枝条、漁網に付着した海産物の焼却などが該当します。農業者であっても、ビニールなどを稲わらと一緒に燃やすことは違法です。

◉**たき火その他日常生活を営む上で通常行われる廃棄物の焼却であって軽微なもの**

➡たき火、キャンプファイヤーなどを行う際の木くず等の焼却が該当します。

廃棄物の輸出入に関する罰則

■発生頻度　★☆☆☆☆
■罰則の重さ　★★★★★

一般廃棄物または産業廃棄物を日本国外へ輸出する際には、廃棄物処理法に基づく環境大臣の確認、国外から輸入する際には環境大臣の許可が必要です。

【廃棄物処理法 第25条】
　　次の各号のいずれかに該当する者は、5年以下の懲役若しくは1000万円以下の罰金に処し、又はこれを併科する。
　　十二　第10条第1項（第15条の4の7第1項において読み替えて準用する場合を含む。）の規定に違反して、一般廃棄物又は産業廃棄物を輸出した者

【廃棄物処理業 第26条】
　　次の各号のいずれかに該当する者は、3年以下の懲役若しくは300万円以下の罰金に処し、又はこれを併科する。
　　四　　第15条の4の5第1項の規定に違反して、国外廃棄物を輸入した者

　廃棄物を輸入する場合よりも、輸出する場合の罰則の方が重くなっています。

　環境大臣の許可を受けて輸入した廃棄物は産業廃棄物として、輸入許可を受けた当事者が適切に処理しなければならず、再委託することは認められていません。

　輸入廃棄物の運搬や処分を委託する際には、委託契約書に「輸入された廃棄物である旨」を記載しなければなりません。その記載を怠ると委託基準違反となります。

　なお、めっき汚泥や鉛蓄電池など有害性の高い廃棄物を輸出入する際には、廃棄物処理法ではなく、「特定有害廃棄物等の輸出入等の規制に関する法律（通称、バーゼル法）」に基づき、経済産業大臣の承認が必要となっています。廃棄物処理法に基づく環境大臣の確認や許可の対象となる廃棄物は、バーゼル法の対象とならない廃棄物になります。

指定有害廃棄物（硫酸ピッチ）の処理に関する罰則

■発生頻度　　★☆☆☆☆
■罰則の重さ　★★★★★

【廃棄物処理法 第25条】
　　次の各号のいずれかに該当する者は、5年以下の懲役若しくは1000万円以下の罰金に処し、又はこれを併科する。
　　十六　第16条の3の規定に違反して、指定有害廃棄物の保管、収集、運搬又は処分をした者

　　【廃棄物処理法 第16条の3】
　　　何人も、次に掲げる方法による場合を除き、人の健康又は生活環境に係る重大な被害を生ずるおそれがある性状を有する廃棄物として政令で定めるもの（以下「指定有害廃棄物」とい

う。）の保管、収集、運搬又は処分をしてはならない。

> **【廃棄物処理法施行令 第15条】**
> 　法第16条の3の政令で定める廃棄物は、硫酸ピッチ（廃硫酸と廃炭化水素油との混合物であつて、著しい腐食性を有するものとして環境省令で定める基準に適合するものをいう。）とする。

一　政令で定める指定有害廃棄物の保管、収集、運搬及び処分に関する基準に従つて行う指定有害廃棄物の保管、収集、運搬又は処分
二　他の法令又はこれに基づく処分により行う指定有害廃棄物の保管、収集、運搬又は処分（再生することを含む。）

　現在のところは、廃棄物処理法第16条の3で定める指定有害廃棄物としては、「硫酸ピッチ」のみが指定されています。

　指定有害廃棄物は、不正軽油の密造によって発生する副産物の硫酸ピッチを迅速に取り締まるために、2004年の廃棄物処理法改正で、指定有害廃棄物の保管や処理基準に適合しない行為が直罰の対象になりました。

指定区域内の形質変更に関する罰則

■発生頻度　　★☆☆☆☆
■罰則の重さ　★★☆☆☆

【廃棄物処理法 第28条】
　次の各号のいずれかに該当する者は、1年以下の懲役又は50万円以下の罰金に処する。
　二　第15条の19第4項又は第19条の10第1項の規定による命令に違反した者

【廃棄物処理法 第29条】
　次の各号のいずれかに該当する者は、6月以下の懲役又は50万円以下の罰金に処する。
　十六　　第15条の19第1項の規定による届出をせず、又は虚偽の届出をした者

【廃棄物処理法 第33条】
　次の各号のいずれかに該当する者は、20万円以下の過料に処する。
　一　第12条第4項、第12条の2第4項又は第15条の19第2項若しくは第3項の規定に違反して、届出をせず、又は虚偽の届出をした者

第3章　罰則の取扱い説明書 9 〔その他の罰則〕

【廃棄物処理法 第15条の19】（土地の形質の変更の届出及び計画変更命令）

　指定区域内において土地の形質の変更をしようとする者は、当該土地の形質の変更に着手する日の30日前までに、環境省令で定めるところにより、当該土地の形質の変更の種類、場所、施行方法及び着手予定日その他環境省令で定める事項を都道府県知事に届け出なければならない。ただし、次の各号に掲げる行為については、この限りでない。

➡第29条違反（6月以下の懲役又は50万円以下の罰金）

一　第19条の10第1項の規定による命令に基づく第19条の4第1項に規定する支障の除去等の措置として行う行為

二　通常の管理行為、軽易な行為その他の行為であつて、環境省令で定めるもの

三　指定区域が指定された際既に着手していた行為

四　非常災害のために必要な応急措置として行う行為

2　指定区域が指定された際当該指定区域内において既に土地の形質の変更に着手している者は、その指定の日から起算して14日以内に、環境省令で定めるところにより、都道府県知事にその旨を届け出なければならない。

➡第33条違反（20万円以下の過料）

3　指定区域内において非常災害のために必要な応急措置として土地の形質の変更をした者は、当該土地の形質の変更をした日から起算して14日以内に、環境省令で定めるところにより、都道府県知事にその旨を届け出なければならない。

➡第33条違反（20万円以下の過料）

4　都道府県知事は、第一項の届出があつた場合において、その届出に係る土地の形質の変更の施行方法が環境省令で定める基準に適合しないと認めるときは、その届出を受理した日から30日以内に限り、その届出をした者に対し、その届出に係る土地の形質の変更の施行方法に関する計画の変更を命ずることができる。

➡第28条違反（1年以下の懲役又は50万円以下の罰金）

【廃棄物処理法 第19条の10】（土地の形質の変更に関する措置命令）

　指定区域内において第15条の19第4項に規定する環境省令で定める基準に適合しない土地の形質の変更が行われた場合において、生活環境の保全上の支障が生じ、又は生ずるおそれがあると認められるときは、都道府県知事は、必要な限度において、当該土地の形質の変更をした者に対し、期限を定めて、その支障の除去等の措置を講ずべきことを命ずることができる。

➡第28条違反（1年以下の懲役又は50万円以下の罰金）

　廃止された廃棄物最終処分場の跡地において土地の掘削等が行われると、安定的であった地下の廃棄物が撹拌され、ガスや汚水が発生することがあります。

　2004年の廃棄物処理法改正により、廃棄物が地下にある土地で、土地の形質の変更が行われると生活環境保全上の支障が生じるおそれがある区域を、都道府県知事が指

定区域として指定し、その区域で土地の形質変更を行う際には、事前に土地の形質変更の内容を都道府県知事に届け出ることが義務付けられました。

　都道府県知事は届出のあった土地の形質変更の方法が基準に適合しないと認める場合には、計画の変更等を命じることができます。

建設廃棄物の保管場所の届出に関する罰則

■発生頻度　★☆☆☆☆
■罰則の重さ　★★★☆☆

【廃棄物処理法 第29条】

　　次の各号のいずれかに該当する者は、6月以下の懲役又は50万円以下の罰金に処する。

　一　第7条の2第4項（第14条の2第3項及び第14条の5第3項において読み替えて準用する場合を含む。）、第9条第6項（第15条の2の6第3項において読み替えて準用する場合を含む。）、第12条第3項又は第12条の2第3項の規定に違反して、届出をせず、又は虚偽の届出をした者

【廃棄物処理法 第12条第3項】

　（第12条の2第3項は特別管理産業廃棄物の保管場所に関して同様の定めをしている）

　　事業者は、その事業活動に伴い産業廃棄物（環境省令で定めるものに限る。次項において同じ。）を生ずる事業場の外において、自ら当該産業廃棄物の保管（環境省令で定めるものに限る。）を行おうとするときは、非常災害のために必要な応急措置として行う場合その他の環境省令で定める場合を除き、あらかじめ、環境省令で定めるところにより、その旨を都道府県知事に届け出なければならない。その届け出た事項を変更しようとするときも、同様とする。

> **【廃棄物処理法施行規則】**
>
> 　**【第8条の2】**　法第12条第3項前段の環境省令で定める産業廃棄物は、建設工事（法第21条の3第1項に規定する建設工事をいう。以下同じ。）に伴い生ずる産業廃棄物とする。
>
> 　**【第8条の2の2】**　法第12条第3項前段の環境省令で定める保管は、当該保管の用に供される場所の面積が300平方メートル以上である場所において行われる保管であつて、次の各号のいずれにも該当しないものとする。
>
> 　　一　法第14条第1項又は第6項の許可に係る事業の用に供される施設（保管の場所を含む。）において行われる保管
>
> 　　二　法第15条第1項の許可に係る産業廃棄物処理施設において行われる保管
>
> 　　三　ポリ塩化ビフェニル廃棄物の適正な処理の推進に関する特別措置法第8条の規定による届出に係るポリ塩化ビフェニル廃棄物の保管

> **【第8条の2の3】**（事前の届出を要しない場合）　法第12条第3項前段の環境省令で定める場合は、非常災害のために必要な応急措置として行う場合とする。

　2010年の廃棄物処理法改正により、建設現場の外で300㎡以上の保管場所を設けて建設廃棄物を保管する際には、あらかじめ都道府県知事に届出を行うことが義務付けられました。

　保管場所の届出義務違反は直罰の対象となりますが、下記のように届出事項自体は簡易なものですので、あらかじめ届出をすることを忘れないようにしておきましょう。

保管場所の届出事項

1. 氏名又は名称及び住所並びに法人にあつては、その代表者の氏名
2. 保管の場所に関する次に掲げる事項
    イ. 所在地
    ロ. 面積
    ハ. 保管する産業廃棄物の種類
    ニ. 積替えのための保管上限又は処分等のための保管上限
    ホ. 屋外において産業廃棄物を容器を用いずに保管する場合にあつては、その旨及び保管高さのうち最高のもの
3. 保管の開始年月日
4. 次に掲げる書類及び図面
    イ. 届出をしようとする者が保管の場所を使用する権原を有することを証する書類
    ロ. 保管の場所の平面図及び付近の見取図

報告徴収に関する罰則

■発生頻度　★☆☆☆☆
■罰則の重さ　★★☆☆☆

> **【廃棄物処理法 第30条】**
> 　次の各号のいずれかに該当する者は、30万円以下の罰金に処する。
> 　七　第18条の規定による報告（情報処理センターに係るものを除く。以下この号において同じ。）をせず、又は虚偽の報告をした者

報告徴収の対象者

報告徴収者	報告徴収の対象者
都道府県知事または市町村長	排出事業者
	一般廃棄物もしくは産業廃棄物、またはこれらであることの疑いのある物の収集、運搬または処分を業とする者（廃棄物処理業者に限定されず、実際に廃棄物処理を行った者すべてが対象）
	一般廃棄物処理施設設置者または産業廃棄物処理施設設置者
	情報処理センター（ただし、情報処理センターの報告徴収に関する違反は、第30条違反ではなく、第31条違反として30万円以下の罰金で処罰される）
	廃棄物が地下にある区域として指定された土地の所有者もしくは占有者または指定区域内において土地の形質の変更を行い、もしくは行った者
	その他の関係者（廃棄物の不適正処理が行われている土地の所有者や管理者の他、ブローカーや資金提供者等）
環境大臣	再生利用認定業者
	広域認定業者
	無害化処理認定業者
	国外廃棄物もしくは国外廃棄物であることの疑いのある物を輸入しようとする者もしくは輸入した者
	廃棄物もしくは廃棄物であることの疑いのある物を輸出しようとする者もしくは輸出した者

　報告徴収とは、廃棄物処理法の施行に必要な限度において、行政庁が特定の者に対して報告を求める手続きです。行政が報告徴収できる相手は廃棄物処理法で規定されていますが、報告徴収に対して報告をせず、あるいは虚偽の報告をした場合は、廃棄物処理法第30条によって「30万円以下の罰金」の適用対象になります。

立入検査の拒否に関する罰則

■発生頻度　★☆☆☆☆
■罰則の重さ　★★☆☆☆

　行政庁は、廃棄物処理法第19条に基づき、廃棄物処理法の施行に必要な限度において、その職員に、排出事業場、処理業者の事務所、廃棄物処理施設のある土地、建物に立ち入らせ、検査を行わせることができます。立入検査を拒否したり、妨げたりした

場合は、廃棄物処理法第30条によって「30万円以下の罰金」の適用対象になります。

【廃棄物処理法 第30条】

次の各号のいずれかに該当する者は、30万円以下の罰金に処する。

八　第19条第1項又は第2項の規定による検査若しくは収去を拒み、妨げ、又は忌避した者

立入検査の対象

行政庁	立入検査の対象	立入検査で実施できること
都道府県知事または市町村長	排出事業者	・土地等への立入 ・帳簿書類その他の物件の検査 ・試験の用に供するのに必要な限度において廃棄物もしくは廃棄物であることの疑いのある物を無償で収去すること
	一般廃棄物もしくは産業廃棄物もしくはこれらであることの疑いのある物の収集、運搬もしくは処分を業とする者	
	その他の関係者（廃棄物の不適正処理が行われている土地の所有者や管理者の他、ブローカーや資金提供者等）の事務所、事業場、車両、船舶その他の場所	
	一般廃棄物処理施設もしくは産業廃棄物処理施設のある土地もしくは建物	
	廃棄物が地下にある区域として指定された土地	
環境大臣	再生利用認定業者	・土地等への立入 ・帳簿書類その他の物件の検査 ・試験の用に供するのに必要な限度において廃棄物もしくは廃棄物であることの疑いのある物を無償で収去すること
	広域認定業者	
	無害化処理認定業者の事務所、事業場、車両、船舶その他の場所、認定に係る施設のある土地若しくは建物	
	国外廃棄物もしくは国外廃棄物であることの疑いのある物を輸入しようとする者もしくは輸入した者	
	廃棄物もしくは廃棄物であることの疑いのある物を輸出しようとする者もしくは輸出した者の事務所、事業場その他の場所	

情報処理センターまたは
廃棄物処理センターの役職員に関する罰則

■発生頻度　★☆☆☆☆
■罰則の重さ　★☆☆☆☆

情報処理センター（廃棄物処理法第13条の2）または廃棄物処理センター（廃棄物処理法第15条の5）の役員または職員、下記の行為をすると廃棄物処理法第31条の「30万円以下の罰金」で処罰されることになります。第31条は、情報処理センターと廃棄物処理センターの役員または職員である人に対してのみ適用される罰則です。

---

1. 環境大臣の許可を受けずに、情報処理業務の全部を廃止したとき。
2. 情報処理業務に関する帳簿を備えず、帳簿に記載せず、もしくは虚偽の記載をし、または帳簿を保存しなかつたとき。
3. 報告徴収に対して報告をせず、または虚偽の報告をしたとき。
4. 立入検査を拒み、妨げ、または忌避したとき。

過料の対象となる法律違反（20万円以下の過料）

■発生頻度　　★☆☆☆☆
■罰則の重さ　★☆☆☆☆

廃棄物処理法第33条は、下記に該当する法律違反を「20万円以下の過料」の対象として定めています。

---

1. 非常災害が発生したために工事現場の外で建設廃棄物の保管を行った場合の事後の届出、または土地の形質変更の届出をせず、または虚偽の届出をした者
2. 廃棄物処理計画を提出しない、または虚偽の記載をして計画を提出した多量排出事業者
3. 廃棄物処理計画の実施状況報告をせず、または虚偽の報告をした多量排出事業者

第33条の罰則のうち、「1」の土地の形質変更届出義務に関するもの以外は、2010年改正によって追加されたものです。

過料の対象となる法律違反（10万円以下の過料）

■発生頻度　　★☆☆☆☆
■罰則の重さ　★☆☆☆☆

廃棄物処理法第34条は、廃棄物再生利用事業者登録を受けていない者が、その名称中に「登録廃棄物再生事業者」という文字を使用した場合には、「10万円以下の過料」で罰すると定めています。

尾上 雅典

行政書士エース環境法務事務所 代表

【経歴】

1995年立命館大学文学部心理学専攻卒業、兵庫県庁入庁。2001年から3年間、地方機関にて産業廃棄物の規制指導を担当。2005年3月に退職後、行政書士事務所を開業。その業務スタイルは許認可申請代行に留まらず、企業の経営基盤確立を目指し、従業員教育や市場開拓・事業承継アドバイス、法務相談など、廃棄物処理企業に特化したもの。また業界誌への寄稿、排出事業者向けセミナー、廃棄物管理状況の監査など、動脈産業界へも廃棄物の適切な処理を念頭に精力的に啓発・教育活動を展開している。

知らなきゃ怖い！ 《新訂版》
廃棄物処理法の罰則

2012年 5月18日　初版　第1刷 発行
2013年 5月10日　第2版 第1刷 発行
2019年 3月 8日　第3版 第1刷 発行
2022年 5月 1日　第3版 第2刷 発行
定価　本体価格1,500円＋税

発行者　河村勝志
発　行　株式会社クリエイト日報 出版部
編　集　日報ビジネス株式会社
　　　　東京　〒101-0061　東京都千代田区神田三崎町3-1-5
　　　　　　　電話　03-3262-3465（代）
　　　　大阪　〒541-0054　大阪府大阪市中央区南本町1-5-11
　　　　　　　電話　06-6262-2401（代）
印刷所　株式会社アート・ワタナベ

乱丁・落丁はお取り替えいたします。